JN086088

山に生きる

失われゆく山暮らし、山仕事の記録

三宅 岳

山と溪谷社

目次

まえがき

ここは山の国。

そんなことは小学生でも知っていることだ。しかし、その山に多くの人が生まれ育ち、子どもを育て世代を重ね、そして果てていったことにまで思いを至らすことができる人が、どれほどいるだろうか。

山の仕事もしかり。山を活かし活かされ、山とともに仕事をまっとうした人は数限りなくいたはずだ。しかし、その様々な職種を想起できる人が、どれだけいるだろうか。

幾山幾谷を越える脚力。数千の木を倒す腕力。暑さに耐え寒さに耐える胆力。そして、深く深くどこまでも思考を尽くす智力。日が昇り沈むまで、草木に寄り添い突き放し、地形をなぞりねじ負かし、季節にうなずき謀反する。尽きるところは、まさに山に一輪咲き誇る肉体と叡智の職人。そんな生き方、働き方をしてきた人々が、それこそ文字どおり山のようにいた、ということを想像できる人は、どれだけいるだろうか。

＊

山の写真を看板に掲げ、美しき山をずっと撮影してきた。畏怖の念さえ抱かせる神々しい山に対峙してシャッターを切ってきた。しかし、それは山のほんのわずかな側面にすぎない。山を写すとは、景色を切り取ることだけではない。

気が付いたのは、三十五年ほど前。石井高明さんという地元の炭焼きさんとの出会いからだ。その仕事をつぶさに撮影させていただいた。山は仕事の場であった。登る山でも攀じる山でもない山が悠然と立ち現れていた。石井さんとの出会いを契機に僕は全国の炭焼きさんを訪ねた。各地の風土に寄り添うように紫煙たなびかせる炭焼きさんを、訪ね回った。

その視座は、やがて炭焼きから山の仕事全般に広がった。一つのきっかけは、当時『山溪情報版』という雑誌で編集長をしていた森田洋さんの「ほかの山仕事も撮影したら」という後押しであった。そのときはまだ山仕事の種類の多さ、奥の深さに気が付いていなかった。

こうして、各地の山仕事に目が向くようになった。すごい仕事ばかりであった。そして、素晴らしい人ばかりであった。炭焼きをつぶさに撮影したことが、山仕事をされる方との話の糸口になった。ありがたかった。木の運び方一つでも、話に花が咲く。

それにしても出会った山仕事の一つ一つが、どこまでも文化の塊であった。

＊

本書に掲載した仕事には、もはや、見ることもできない山仕事もあれば、見事に再興を果たした山仕事もある。少しでも多くの人に山仕事の世界を垣間見ていただき、心のどこかに留め置いていただければ、また、山で仕事を重ねる人のわずかな励みにでもなれば、幸いである。

ゼンマイ折り
——ぜんまいおり——

人里離れた山中の小屋に泊まり込み、季節の恵みのゼンマイ採りに励んだ日々

星 兵市・ミヨ夫妻（新潟県旧湯之谷村）

山には四季折々に様々な仕事がある。

山菜の王とも呼ばれるゼンマイを収穫する仕事は、雪深い山村に、待ち遠しかった春を告げる貴重な仕事である。

まず、ゼンマイを再確認しておこう。ゼンマイはゼンマイ科の多年生シダである。国内では北海道から沖縄にまで広範に分布するそうだ。食用に適したタイミング、すなわち芽生えのころの形状は、グルグルとコンパクトな渦巻き状であり、それはゼンマイバネ名称の由来でもある。

全国に分布するとはいえ、見事なまでに大量発生するのが積雪の多い山間地だ。ゼンマイを採集する仕事は、主に日本海側の豪雪山間地帯である（なお、愛媛県の山間地である久万高原でも、ゼンマイの栽培・販売が行われており、案外と多くの地域でゼンマイ採集が行われてきた可能性もあるとは思う）。

カナアシを利かせ雪解けの急斜面へ。頭をもたげた無数のゼンマイに素早く手を伸ばす

豪雪山間地では、ほんの数日前、いやいや、前日に雪解けしたばかりではないかというほどに残雪の気配濃厚にして湿潤たっぷりな谷間に、わらわらと一斉に頭をもたげてくるのがゼンマイである。

さて、そのゼンマイをがっつりと採集し、運搬。さらに幾度も揉みながらの乾燥。人里離れた山中の小屋に泊まり込みながら、日が昇るころから沈むまで、その季節の恵みであるゼンマイ採りに励んだ人々が、いたのである。とてつもない労力がかかる仕事だが、かつては高価格で取引された実入りのよい仕事でもあったのだ。そして、緑萌え始める山々に、それは見事なまでの美しい風景を奏でるのであった。

*

ここでは、新潟県の旧湯之谷村（現在の魚沼市）と福島県只見町で撮影した二カ所のゼンマ

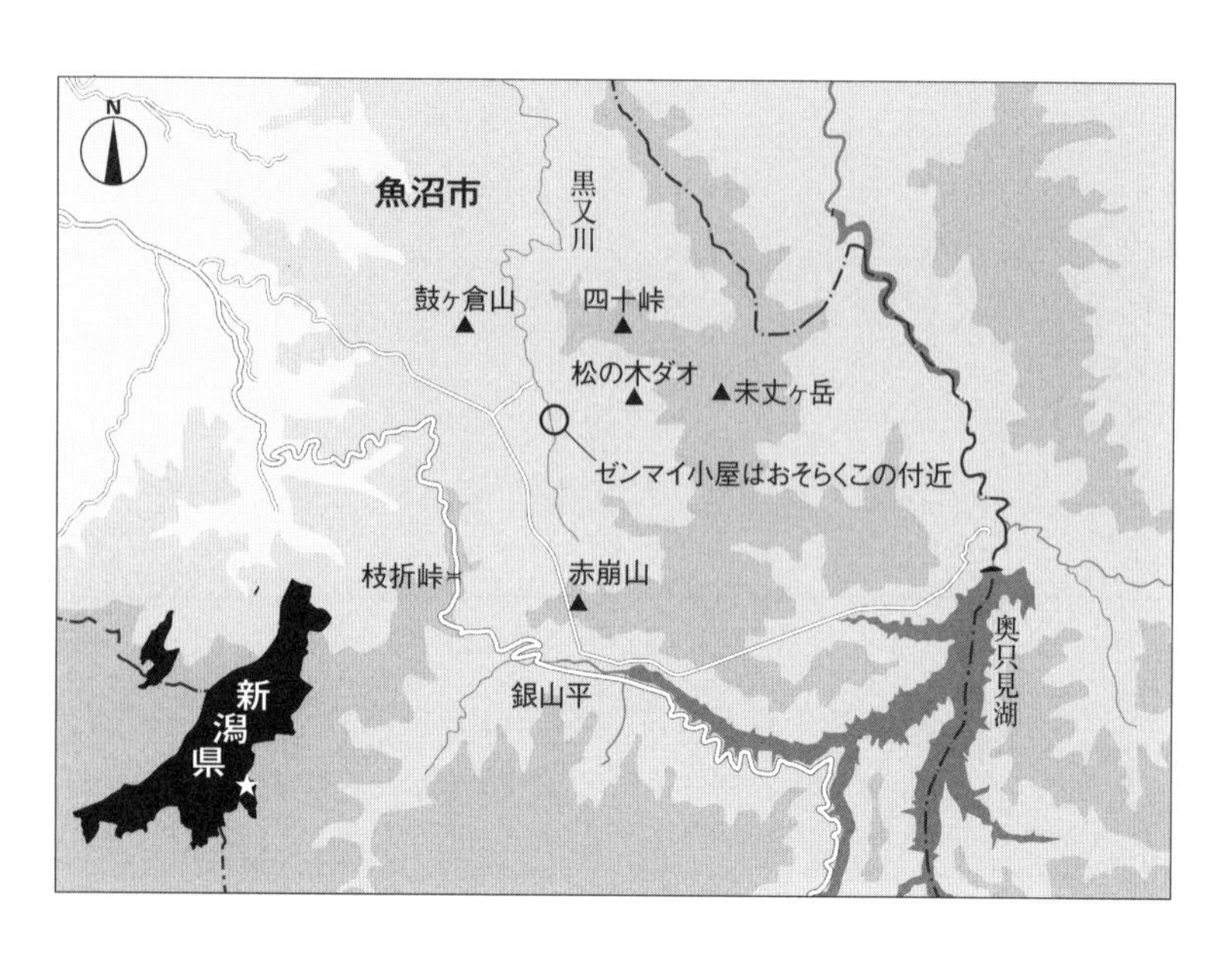

イ採集を紹介させていただく。湯之谷村は星兵市さん・ミヨさんによるもので、撮影は主に一九九二年。一方、只見町は黒田信一さん・晶子さんによるもので、撮影は星さんから四半世紀の時をへだてた二〇一七年である。

＊

僕がはじめて星兵市さんのゼンマイ小屋を訪れたのは、三十年ほど以前のこととなる一九九二年の六月初めであった。

すでに星さんは夫婦でゼンマイ小屋に住み込んで仕事をされているとのこと。そこで、息子の隆市さんが案内役となってくれたのである。彼の運転する車は、奥只見湖へと通じるシルバーラインというトンネルばかりが長く続く山岳路へと突き進んだ。江戸時代、この道の山側終点の奥只見に銀山があったことから名付けられた観光道路である。その、トンネルばかりのコースの中途に、まず、普通の人は気が付かない秘密の出口があった。そこから抜け出れば、突然目がくらむような春の山のど真ん中である。さらにわずかな距離、林道を進んだ。

林道の終点からは山腹を歩く。車をおいて、傍らに清流ほとばしる音を聞きながら山道を小一時間。途中、谷間を覆う灌木の向こうから、瀬を走る水音がひときわ高く響くようだ。谷間がぐっと狭まる。姿は見えぬが「ハコ滝」とのこと。

その滝があるであろう位置から上流部になると雑木の山道がさっと明るくなり、忽然と平地が現れる。そこにめざすゼンマイ小屋が立っていた。

小屋といっても、急ごしらえの安普請ではない。木造で立派な造作の、豪雪にも怯むことのない年季を重ねた小屋である。

福島県側のゼンマイ小屋の写真を拝見すると、かの地のゼンマイ小屋は、そこにある木や枝、そしてブルーシートを組み合わせて簡易な小屋掛けスタイルが一般的だ。しかし、星さんのゼンマイ小屋は、しっかりとした建築物なのである。

その入り口の前にはゼンマイを茹でるための巨大な釜がしつらえてある。向かいには谷川の清冽な水をひいた炊事場、さらに少々離れてゼンマイを乾燥するためのビニールハウス、そして、乾いたゼンマイを保管する倉庫。これだけ揃っていれば小屋というより、ちょっとした住まいである。

さて、その釜の前で茹で上がったゼンマイを干していたのが、星兵市さんであった。小柄で痩

午前中で、小さな谷を一周して収穫したゼンマイを満載。荷縄でタスを背負う星兵市さん

軀だが、その身のこなしには無駄が一切なく、しなやかな筋肉、といった言葉が連想された。

隆市さんは暗くなる前に山を下っていった。僕は、星さんと奥さんのミヨさんに挨拶を済ませ、誘われるまま小屋へお邪魔させてもらった。

小暗い室内で、まず目に入ったのは金網の棚である。三、四畳の生活のためのスペースを囲むように、コンクリートでくの字形に作られた二段の棚は、雨続きのときのゼンマイ乾燥用で、外から薪で暖める仕組みとのこと。

さて、夜はあっという間にやってきた。深い闇。電気のない小屋。

ところが、驚いたことにここにも照明はあるのだ。それは、青く塗られたブリキ缶のようなカーバイドランプであった。当時、夜釣りをする人には使う人もいたかと思うが、登山ではほとんど利用していなかった照明器具だ。アセチレンが生み出す勢いある炎の明かりは、なかなかの照度であり、山の夜を見事に照らすのであった。

その灯の下。いただいた夕食は、もちろんシンプルなものであった。

米どころならではの旨いご飯と、身欠き鰊とキタロウアザミを具とする味噌汁。何ともシンプルだが、その深い滋味！　身欠き鰊はお椀からはみ出す大きさであり、キタロウアザミも親指よりも太い茎がゴロリ。ゼンマイ小屋での食事はこれが基本。朝に晩に、クセとコクが漲（みなぎ）るこの汁と、越後の米。過酷な労を支えるに必要十分な、山の饗食であった（ちなみに、僕の生涯食べてきた味噌汁で、おいしさナンバーワンである）。

「ゼンマイ採りではなく、ハア、昔からゼンマイ折りというんです。ハア」

＊

独特の香りのあるカーバイドランプが照らす小屋。少し酸っぱいお酒も入り、珍客相手に兵市さんの声が少しはずむ。星さんたちは、国有林ゼンマイ払い下げ組合、という組織を作り、年にいくらか支払ってゼンマイを採る権利を買っている。だからよそから勝手に来てゼンマイを採っていっては困るのだ、という。そのとおりだと思う。ゼンマイ山はそこに暮らす者の生活の山なのだ。

六十六歳になる星さんが、ゼンマイ折りを始めたのは十五歳のときから。以来、毎年五月半ばから約五十日の山暮らしを続けてきたそうだ。

「昭和三十一（一九五六）年はのお、まあ雪が多くて、八尺掘っても小屋が出てこなかったですよ、ハア」

現在の小屋は、昭和四十（一九六五）年に前の小屋が雪崩に潰されたあと、さらに頑丈に建て直したものとのこと。また、最初に小屋に入るのは、米をはじめとした重荷を背負い、雪の尾根を越えて来るのだと教えてもらう。

「注文がいっぱいで、ハア、とてもゲートボールなんかしてられないです」

ほんのり赤みのさした星さんの傍らで、ミヨさんは静かに笑っている。

＊

翌朝午前三時半、ミヨさんが朝食の準備を始める。カーバイドランプに照らされた朝食をとり、さあ出発という時分、ようやっと空も白み始める。

星さんの出で立ちは、ゼンマイ折り独特のものだ。

地下足袋で足をかため〝ブウドウ〟という刺し子を着て、〝タス〟という袋を小さく丸めて背負う。頭には、白い鍔（つば）つきのヘルメットが輝く。リュックやかばんは持たない。

小屋を出てしばらくは、朝日眩しい尾根筋を歩く。星さんの愛犬ラブが前に後ろにと、はしゃぎながら追いかけてくる。振り返れば、雪をかぶった越後三山が大きく望める。うららかな春の尾根歩きといった風情である。しばらくして稜線をめざす尾根道と分かれ、谷への小道を下り始める。

尾根筋からはよく見えないが、谷底はへばり付くような雪渓に覆われている。そして、雪渓を挟んで向かい合う斜面は、手がかりとなる灌木も少ない。その上濡れた枯れ葉が幾重にもなり、非常に滑りやすい。

その滑りやすい斜面の上部の灌木帯のヤブの中こそ、ゼンマイのわさわさと生える場所である。

星さんの足さばきは、見るからに軽い。その秘訣は〝カナアシ〟にある。

金足と書くのであろう。三本爪の地下足袋用アイゼンである。星さんのカナアシは、旧小出町の鍛冶屋に打ってもらったものとのこと。この爪を、あるときは粗目状の雪に、またあるときは脆い斜面の植物の根元にざくりと差し込み、巧みにバランスを保ちながらゼンマイを折る。

星さんのゼンマイ小屋。三角の尖り屋根が母屋。右側のビニールハウスで乾燥させる

これぞ絶品。毎食のおかず。キタロウアザミと身欠き鰊の味噌汁。シンプルで深い深いコクと味覚

地下足袋にはカナアシを装着。小出の鍛冶屋で打ってもらう。ゼンマイ折り必携の道具である

早朝から休みなしの仕事。収穫もまずまずで、愛犬ラブ君にもご褒美である

軽いのは足さばきだけではない。ゼンマイを折る手さばきたるや、目にもとまらぬ早業である。

ゼンマイを見つけたとたん、すっと伸びた片手にはすでに幾本かのゼンマイが折り採られている。さらに数回この作業を繰り返し、ゼンマイの束が片手にいっぱいとなるや否や、渦巻き状の頭部を綿毛もろとも一気にしごきとる。これで裸のゼンマイができあがるわけである。

ここで、ついにブウドウの出番となる。ブウドウの懐を大きく開き、裸になったゼンマイの束をグイと押し込めば、袋状となったブウドウの背中からお尻部分へゼンマイの束が自然に溜まっていくという案配である。横には膨らまないので、ヤブに引っ掛けるおそれもない。なるほど、これで籠がいらないということに納得がいった。

小屋前にて。この年、病気がちなミヨさんにとっては、久しぶりの山暮らしであった

こうして、ゼンマイを折りながら進めば、あっという間にブウドウの尻がもっこりと膨れ上がる。膨らみすぎて歩くのに邪魔になると、ブウドウの懐から一抱えの固まりとなったゼンマイを取り出し足元に置いてゆく。そして、再び足どり軽く次のゼンマイへと向かっていくのである。

こんな調子で、道すがらに数個のゼンマイ塊を残しながら上へ上へと登っていき、明るい日溜まりで、特大おにぎりの昼食をとる。

山仕事の楽しいひとときだ。ラブ君もおこぼれをもらって上機嫌である。

特大おにぎりのあと、もうひと歩きしてゼンマイを折り、いよいよ小屋へ帰ることとなる。

ここで、登場してくるのが〝タス〟である。くるくると背中に丸めたままであった〝タス〟の紐を解く。現れたタスは荒い縄で編まれた袋である。麻であったか葡萄(ぶどう)であったか、その材料は聞きそびれてしまった。

そのタスに、頭を揃えてゼンマイの固まりを入れていく。そして荷縄を使って背負う。

「うわてこ、のほうが楽です。ハア」

うわてことは、背中の上のほうでタスを背負うことである。登山時のザックの上手なパッキング方法と同じく、重心位置を高くするのである。

こうして、歩いて下りながら途中に置いてきたゼンマイ塊をその都度積み込んでゆく。あふれるほどにゼンマイを背負って、一歩一歩ゆるゆると、肩で息つき山を下りる兵市さん。手にした赤白に塗り分けられた測量用ポールが、杖となっていた。

「若え時期にはのお、七十キロぐらいは背負ったもんです」

とはいえ、小屋で量ったゼンマイは四十八・五キロにもなった。

さっそく、小屋前の釜で軽く茹でる。網籠に入れて、煮え立つ釜に一気に投入。そして、それほどおかずに、すっと釜からあげて湯を切るのである。そのゼンマイを揉みほぐし、乾燥させる。しっかりと水けが飛んで乾物となったゼンマイは、生のときの十分の一の重さになるという。それでも太くて立派なのが星さんの自慢である。

揉みと乾燥は、おもにミヨさんの仕事だ。小屋の脇のビニールハウスが大活躍をする。このハウスのおかげで随分楽になったとのこと。

小屋で一服の後、星さんは再びブウドウを着る。タスを丸めカナアシを用意し、ヘルメットを

これぞ春の上越。まだまだ消えない残雪を踏み、枝を払う。道なき道がゼンマイ折りの道である

かぶる。

二番の仕事に、別の沢へ向かう。六月の太陽はまだ十分に、高いのである。

こうして、もう少し小屋近くの別な谷でゼンマイ折りを終え、重荷を背負って小屋に戻ればすでに夕闇が迫ってきている。あとはゼンマイを釜茹でにして、ようやっと仕事は一段落。

さて、昨夜と同じく身欠き鰊とキタロウアザミの味噌汁で夕げを終え、すっかり夜のとばりが下りたころである。突然、風呂を勧められたのだ。

え！　この小屋には風呂まであるのか？

ありました。それは先ほどまでゼンマイを茹でていたあの釜！

膝を抱えてちょうど収まるサイズの釜。アツアツではなかったが、妙に温まる気がした釜の風呂。あれも我が人生でただ一度のことであった。

＊

数年後、もう一度星さんの小屋にお邪魔させていただいた。兵市さんは相変わらず午前午後にゼンマイを採っていた。そして夜になると、ミヨさんがニコニコと出してきたものがあった。大正琴。長い夜の手慰みお楽しみに、弾いていたのである。いまではどんな曲であったか忘れてしまったが、何曲か。森閑とした山の夜にミヨさんの琴の音色。いつまでも思い出に残るゼンマイ小屋暮らしであった。

（取材：一九九二年六月　『山溪情報版』一九九三年春号「山に生きる」を加筆・改稿）

ゼンマイ折り――②

新緑まばゆい奥会津の谷に現在も続く、ゼンメ折り。地に足着いた山仕事の形

黒田信一・晶子夫妻（福島県南会津郡）

星さんのゼンマイ小屋を訪ねてからおよそ四半世紀。もう一度ゼンマイ折りを撮りたいと思っていたが、なかなかチャンスが訪れなかった。

だいぶ以前に星さん夫妻も山小屋に宿泊してのゼンマイ折りはやめられたと聞いていた。その近辺では泊まりでゼンマイを折る人はいなくなったようだ。

そこで、どこかほかの場所でと考えていたのである。

＊

歩を進めれば陽気にジワリと汗を感じる。ときに不安定な雪渓を越えさらに奥へと足を延ばす。道があったと聞くが、その痕跡はほとんど見当たらない。根元がぐにゃりと湾曲する灌木が谷の左右に目立つようになる。雪崩が頻発する豪雪地ならではの植生だ。先行する二人に、とりあえずは遅れぬように。

それにしても、まばゆい春ではないか。

*

さて、奥深い谷は柔らかな新緑に包まれていた。先行する二人の足どりは、道らしき道もないのに軽やかだ。黒田信一さんと晶子さん夫妻である。信一さんは五十代前半、晶子さんはもう少しお若いはずだ。

五月も終わり。世間の感覚ではすでに初夏。僕が訪ねていたのは、福島県の奥会津である。背後に越後との国境をなす山々が連なり、積雪が二メートルを優に超えるという只見町。長い冬を越してようやっと迎えた春爛漫。日当たりのよい斜面には、ピンクのカタクリが踊るように輝いている。

そして、春は人の心もうわずる季節。それは、ゼンマイの季節と重なるからだ。ほんの数十年前まで、この季節ともなれば多くの人が山に小屋を掛けゼンマイ折りに励んだという。黒田さんたちが暮らす蒲生（がもう）という集落は、入叶津（いりかのうづ）などと並び、ゼンマイ折りの盛んだった地域である。ゼンマイが現金収入のかなりの部分を占めていた土地なのだ。

ちなみにこの地ではゼンマイではなく「ゼンメ」と少々短めに呼ぶのである。

さて、二人が向かっているのは、真奈（まな）川滑（なめ）沢の上流部。かつての入会（いりあい）山の一角である。

新潟側に暮らしていた星兵市さんとは若干の違いもあるが、二人ともゼンメ折りのスタイルを継承している。上着は星さんの「ブウドウ」と同じ。ただしこの地では「くもっけつ」と呼ぶ。蜘蛛の尻が膨らんでいる様子から来た名前だろう。また、足元を固めるのは金足ではなくスパイ

信一さんと晶子さん。羽織る「くもっけつ」は母の昭子さんが手作りしたもの

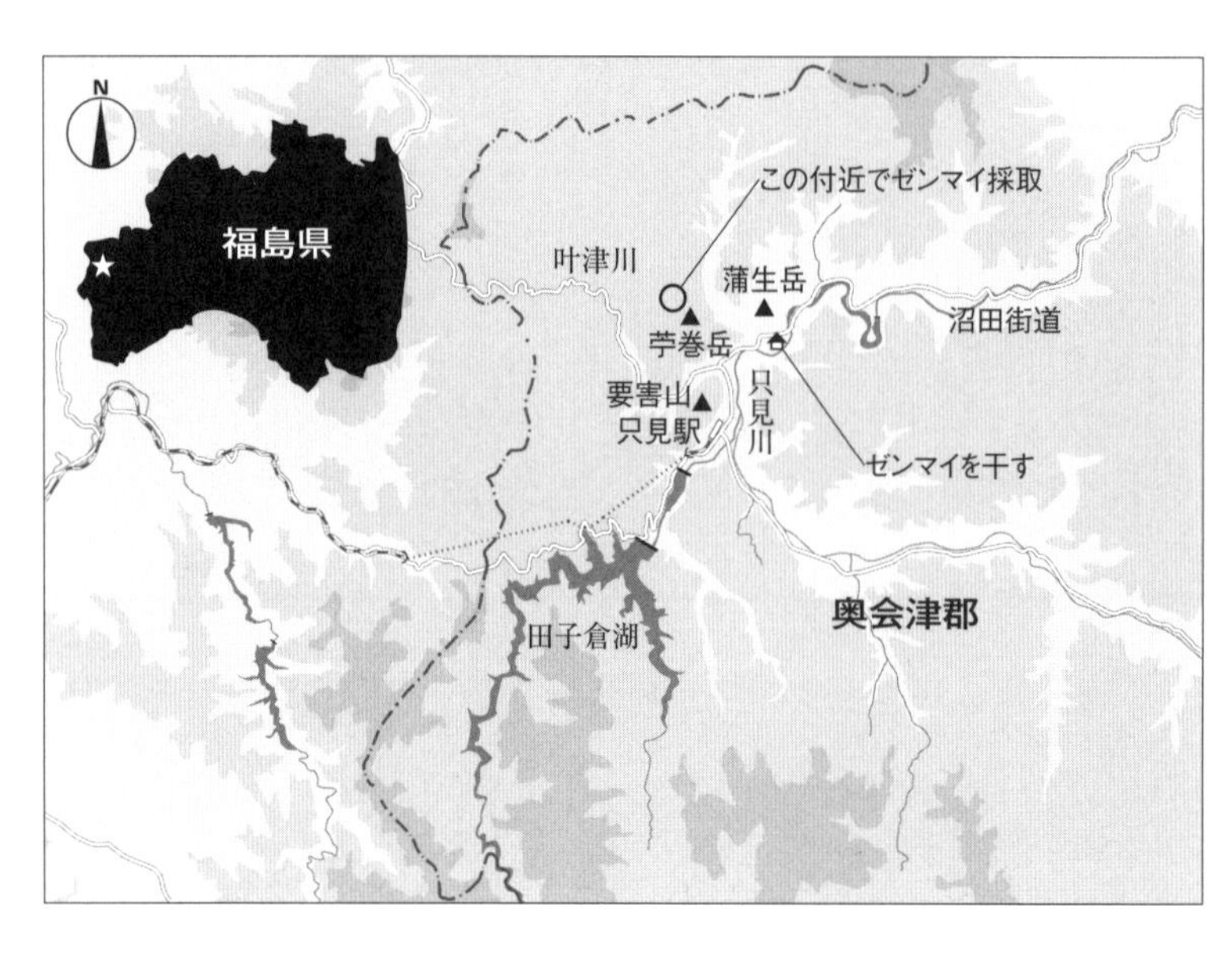

ク地下足袋である。

流れをまたぎ、根曲がりの灌木を分け、上流をめざす。極上のゼンメは、雪崩が頻発するような急峻な谷に生えるのである。かなり芽吹きが進み、はたしてゼンメはあるのだろうか、と思い始めたころ。涸れた枝沢を詰めれば、雪渓が解けたばかりの斜面に、一斉に姿を現すゼンメたち。脳裏には、あの星兵市さんとたどった雪解けの源頭部がよみがえる。

さて、黒田さんたちも、早速仕事である。左右の手を伸ばしては、ゼンメを折り、くもっけつに突き入れる。灌木で体を支え、スパイクピンに体重をゆだね、悪い足場でもバランスを整えながら、それでもすばしこくゼンメを折る。といっても、無造作に丸坊主にするのではない。男ゼンマイと呼ばれる胞子葉はしっかりと残し、後々につないでいる。

現場ではそれぞれが別な場所へ。かなり急な沢沿いを詰めながらゼンメを折る

ゼンメが盛んに生える地点では、夫婦はそれぞれ別な場所でゼンメを折ってゆく。信一さんが取り付いたのは、不安定な雪渓を見下ろす磨かれた岩壁。本業は大工という信一さんは身も軽く、バランスの妙をとりながらゼンメを折る。一方の晶子さんは、対岸の比較的緩やかな場所へ。時々信一さんを気にかけながらも、動かす手に休みはない。こうして、極上のゼンメが収穫されてゆくのである。

ところで、ゼンメ採集は誰もが行ってよいというものではない。採集権を得て山に入るのである。『山菜採りの社会誌』（池谷和信著、東北大学出版会、二〇〇四年）によると、明治時代の蒲生の山では、新潟の人々が国境を越えてゼンマイを折りに来ていたようだ。越後の人々から山手金と呼ばれる権利金を徴収していた。しかし、そのゼンマイが収入に結びつくことがわ

雪崩植生の曲がった低木が多く生える。そこをかき分けて、ゼンメに手を伸ばす信一さん

かり、やがて蒲生の人々による採集が行われるようになった。

蒲生の山は大部分が国有林ではあったが、集落近くは入会山（現在では通い山と呼ばれている）、その奥は買い山といい、当初は二十五分割されていた。昭和の半ばにゼンメが高騰し、さらにその山を合計五十カ所に分割。それぞれの区域で二十五貫以上のゼンメが採集できたようだ（一貫＝三・七五キロ）。蒲生の人々はその山の権利金を払い、山に分け入り、小屋掛けをしてゼンメを採り、換金してきた。だから、よそ者がこっそりとゼンメを折ることは許されなかった。その決まりは現在でも同じである。

しかし、時は移ろい、いまや泊まりでのゼンメ折りはいなくなった。激しく過酷な労働である一方、価格も下がった。とどめを刺したのは、ブナ林保護のため、ブナを利用しての小屋掛け

折ったゼンメを詰め込んで「くもっけつ」がパンパンに膨らむ。これぞゼンメ折りの正装だ

が不可能になったことのようだ。

＊

さて、二人が背負って運びだしたゼンマイを待つのが、信一さんの両親である黒田国惟さんと昭子さん夫妻である。自宅前の庭一面にムシロを広げて、五月の強い日差しの下で、ゼンマイを揉み続ける作業もまた重労働である。

一回のゼンメ折りで信一さんが四十～五十キロ、晶子さんが二十五キロほどを担いでくる。それを山と積むと女たちはゼンメの綿毛を取りながら、太さによって、細、太、極太により分ける。太さが均等なほうが、揉むときによく仕上がる。男たちは薪で釜に湯を沸かす。ゼンマイは軽く茹でて天日干しにするが、微妙な加減が難しく経験のいる作業だという。

さて、黒田国惟さんは取材時に八十一歳であった。

前年まで山でゼンメ折りをしていたというツワモノだ。ところが、生まれ育ちはこの会津ではない。はるか離れた九州山地の奥の生まれ育ちなのである。大工になって出てきたのが関東。その勤め先が、たまたま昭子さんの親戚だった。やがて二人は結婚して信一さんが生まれた。昭子さんは都会で暮らすつもりだったが、昭子さんの実家で、一人で暮らしていた母のキヨノさんが、誰か家を継いでくれないかと言ったときに、即座に手を挙げたのが国惟さんであった。

その家が現在暮らす蒲生の家である。

「何度か来て、いいところだと思った。やっぱり山がよかった」と語る国惟さん。

一家が蒲生に移住したのは、信一さんが五歳のとき。小学校入学に合わせてであった。

転居後、すぐに迎えたのがゼンメ折りの季節。国惟さんは昭子さんの親戚について山に入ったのである。言葉や風習は違うが、山での暮らしには通じるところがあった。

翌年には昭子さんの父親が採っていた小屋場の権利を買った。五年ほどたつと継いだ家を建て替える決心をして、杉林を買う。当時の金額で杉が三十万円、製材費が三十六万円で、家二軒分の材料を山から伐り出した。

都会での出稼ぎにも励んだ。田も広げた。そして、ゼンメの季節になれば、夫婦で山に入った。必死に働いたのだ。国惟さんが一回で背負うゼンメは五十キロ。それを一日に三往復。一シーズンで千上がり百五十キロ、つまり一・五トンのゼンマイを採ったという。その年の売り上げは、帯封のついた札束だった。「この家はゼンメで建てたんだ」と国惟さんは静かに語ってくれた。

3日から5日かけ、天日で干す。揉んでは広げ、揉んでは広げ。天候にあわせた調整が難しい

ムシロの上で、手を動かし続ける昭子さん。ゼンメは折り手が半分、揉み手が半分の仕事。女性が活躍した山仕事である

ゼンマイは後処理がたいへんだ。まずは網に入れ軽く茹で上げる。ドラム缶を半分にした釜は、山泊まりをしていたころの名残だとか

信一さんも国惟さんとともにゼンメ折りを続けてきた。親子でクマにあったこと、吹雪になり焚き火でしのいだこと、雪渓に落ちて危なかったことなどエピソードは尽きない。魚好きの信一さんはゼンマイを小屋場に下ろすと、すぐに竿を持って岩魚を釣る。それが国惟さんの晩酌のアテとなる。そんな泊まり山を平成十七（二〇〇五）年まで続けていたそうだ。

いまは通い山になったものの、信一さんは毎年ゼンメ折りを続ける数少ない若手なのである。

その信一さんに嫁いだのが晶子さん。かつては都内で山岳関連の出版にもかかわっていた。山岳会に所属し、この只見付近の沢にも足を運んでいた。やがて、ゼンマイを折る暮らしに興味を抱くようになった。そして思い切っての移住。只見町の観光協会で働きながら、蒲生に暮らし、ゼンメを折ることを願っていた。

それゆえ、信一さんと結ばれることは必然であった。山に行く嫁の到来には国惟さんも昭子さんも喜んだ。ゼンメ折りもきのこ採りも、国惟さんが一から教えたのであった。

*

追記。

この取材時、二〇一七年五月にはまだまだ元気だった国惟さんだが、二年後の二〇一九年六月、ちょうどゼンマイの仕事が一区切りつくのを見届けるようにして、旅立たれた。そして後を追うかのように、翌二〇二〇年、昭子さんも天寿を全うされたのだった。

（取材：二〇一七年五月　『山の本』二〇一八年春号「山仕事」を加筆・改稿）

出発の支度中。「あの沢は雪渓が悪いから気をつけろ」。国惟さんがアドバイスをする

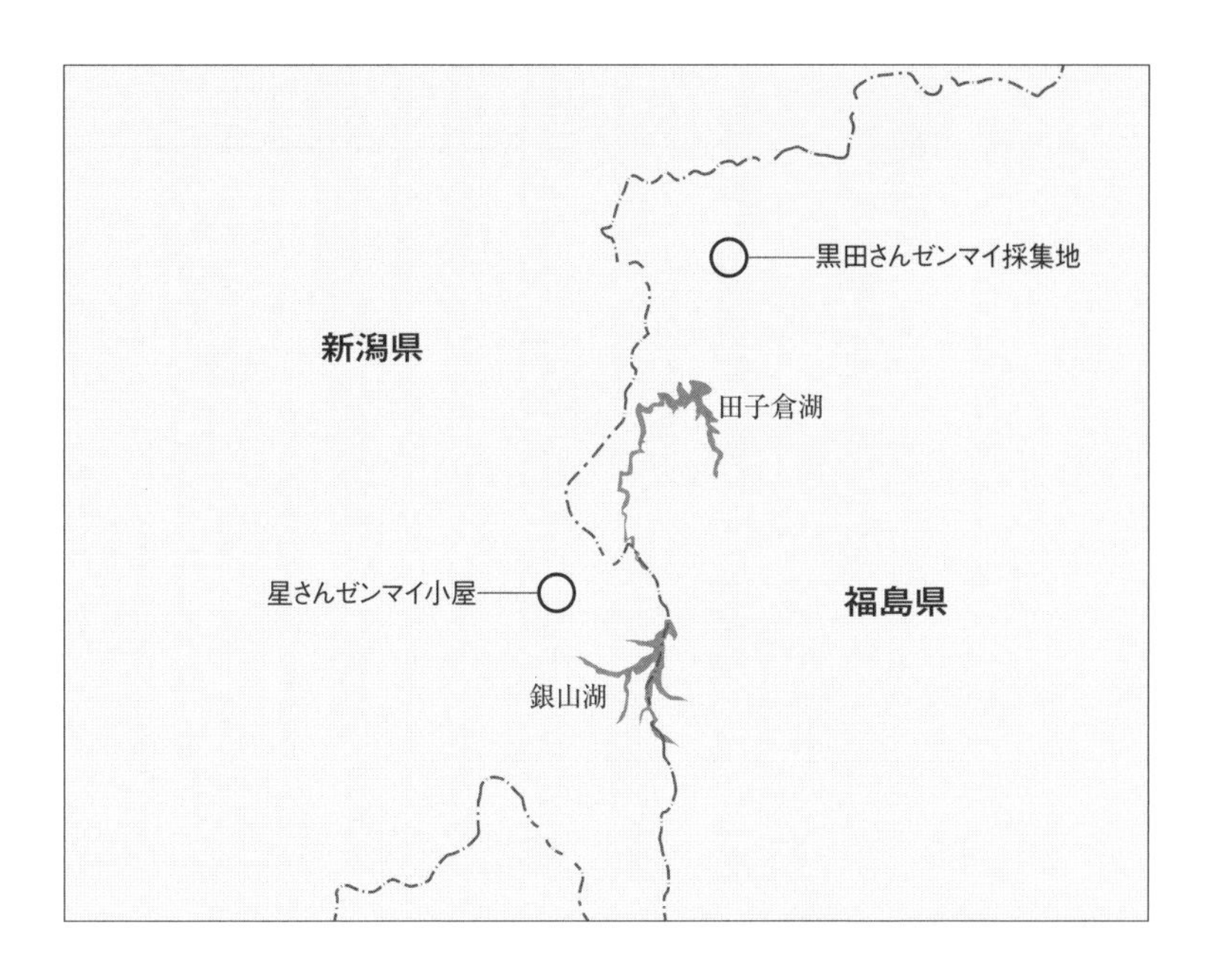

月山筍採り

——がっさんだけとり——

方向感覚を失うほどのササヤブの中で赤いダイヤと呼ばれた、至高の山菜を採る

渡辺幸任（山形県鶴岡市）

ネットの普及は大波小波となり、生活の隅々に影響を及ぼす。仕事での多くのやりとりが、コンピュータ上で行われ、必然、山に行かない時間は自室に引きこもりコンピュータとにらめっこ。書籍との巡り合いも画面の中からたぐり寄せることが多くなってしまった。

だからこそ、どこか書店がある地に足を延ばせば、ついそのドアをくぐりたくなるというのが人情というもの。

さて、その一冊が目に留まったのは山形県北部の新庄市、駅近くにある本屋でのこと。『出羽三山信仰と月山筍』と題されたその本の表紙にぎょっとして、慌ててレジに持ち込んだ。地方の書店ではこういう出来事が時々起こる。

その一冊。勢いで当時の月刊『岳人』の書評でもとりあげたのは、やはり中身が素晴らしいからであり、また、書籍そのものに加え、そこに書かれる山仕事を知ってもらいたい、と思ったたか

採ったばかりの月山筍。月山の遅い春を締めくくる山の宝だ。和名はチシマザサである

らだ。

＊

僕の目に留まった表紙を飾っていたのは、一枚の写真である。

腰をかがめた男の後ろに立っているのは、見たこともない小屋。半球、土饅頭形の小屋。入り口のムシロが巻き上げられているが、内部は暗く何も見えない。側部は草で葺かれているようだが、ディテールの潰れた写真からは、それ以上を読み取ることができない。腰をかがめた男の頭には手ぬぐい。ぐっと絞ったすね回りはニッカーボッカーなのかあるいは脚絆（きゃはん）かゲートルか。その風体も間違いなく時代がかっている。

もう少し鮮明な写真はないのか？　いったい、これは何の小屋だ？　そして月山筍とは何なのか？

＊

チシマザサ。これが月山筍の正式な和名であるが、地域などにより多くの呼び名がある。たとえば兵庫県や鳥取県などではスズコと呼ばれるのが同じ種類である。また、全国的な通称として多くの登山者がつかうのがネマガリタケ。その名が示すように幹は根元付近で大きくたわむことが多いササである。それは豪雪地で生き延びるための戦略。積雪地寒冷地に生きる証でもある。

実際、最も北に生息するササであり、和名が示すように、千島列島の南部にまで自生するという。

さて、東北や新潟など、寒冷な積雪地帯でタケノコといえば、それは当然のようにこのチシマ

月山は出羽三山の一座であり、山頂には月山神社が祀られる。いまも信仰の登拝が続けられる

新庄駅前の本屋で偶然見つけた一冊。強烈な印象を残す表紙の写真。これが月山筍との出合いとなった

月山筍は精進料理に不可欠。いまも宿坊が購入するのである。山小屋の昼食でも月山筍が活かされる

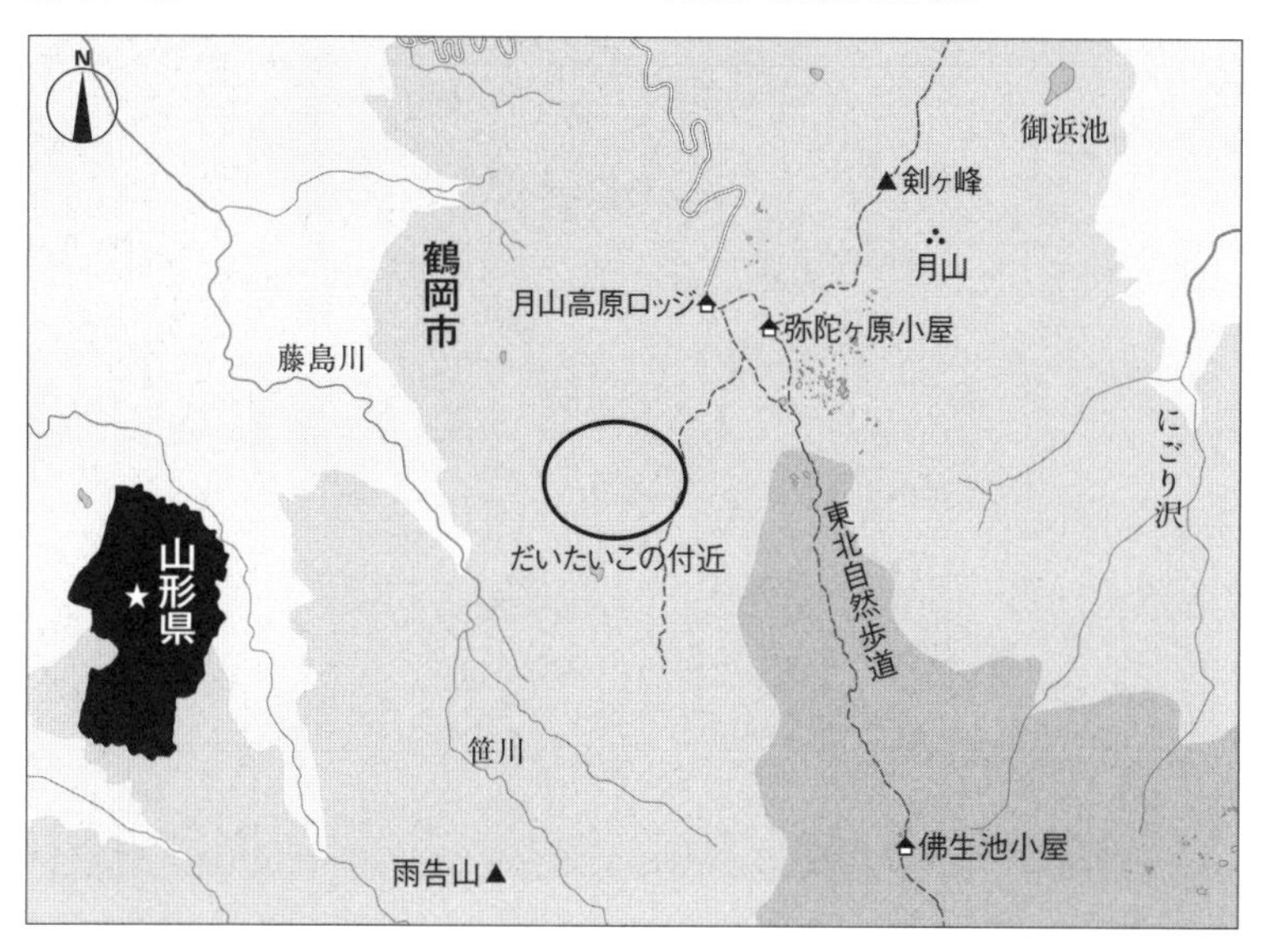

隙間がないほどの密なヤブ。全身でかき分けて、生えたばかりの月山筍にその手を伸ばす

ザサをいう。真竹や孟宗竹が巨大砲弾形なら、この太くても親指ほどのタケノコは、翼のないペンシルロケットとでも例えようか。あるいは「笹ノ子」と呼んだらわかりやすいだろうか。

そして月山筍とはまさにこのチシマザサ＝ネマガリタケのタケノコのことだという。山形県中央部にもっこりと盛り上がる月山は、言わずと知れた信仰の山。出羽三山の一座であり、山頂には月山神社が祀られる。現在でも白装束での登拝が行われ、そのための宿坊がある。宿坊では精進料理が欠かせないが、そこで供されるチシマザサのタケノコが月山筍なのだ。ほかの地域に比べて根元に赤味がかったタケノコが多く、「赤いダイヤ」とまで称されたようだ。

先の本の表紙を飾る写真に話を戻そう。それは昭和三十六（一九六一）年にＮＨＫが取材した折に撮影した、「筍採りの小屋」とのことである。現在は八合目まで車で上れてしまう月山。すっかり日帰り圏の山になってしまったが、かつてはそうではなかったのである。なんと山上に掛けた小屋に一カ月半ほど寝泊まりをしながら、月山筍を採る人たちがいたのである。そして、調べてみれば、現代ではもちろん小屋掛けはしないものの、それでも月山筍を採る仕事は連綿と続いている、ということもわかってきた。

それにしても、これは貴重な一冊である。古い写真や資料を収集し、さらに月山筍採取に関わった多くの方から丹念に話を聞き取る。かつては雪渓のそばに小屋掛けをして、一日目に採れた月山筍は、雪渓で保存。二日目に採れたものを合わせて下界へ運んだ、といったようなことが、丹念に掘り起こされている。表紙の写真もそういった取材の中で出会った一葉だそうだ。その書籍の一部始終に込められた思いは、これはすなわち著者の渡辺幸任さん自身が、月山筍を採る人だからなおさら強いのである。

月山筍の話を聞き、現場に通い、なかでも頂上小屋での暮らしぶりなどを取材するうちに、ますます月山筍に魅入られ、やがて羽黒山菜組合の一員として認められたそうなのだ。

ならば、その仕事の一端を拝見したい。心はすぐにでも月山に飛びたかったが、実際に願いがかなったのは、冬を越え春をも越えて、すでに夏。二〇一四年七月の半ば過ぎであった。すでに月山筍は最後の最後を迎えるという時期。もしかすると標高が高い場所でも収穫期を過ぎているのではないか、というタイミングである。

さて、この取材では、筍採りの前日より渡辺さんのご自宅でお世話になった。渡辺さんのお宅は山間部ではなく歴史ある鶴岡の街中にある。

渡辺さんは一九四九年、東北ではなく九州熊本の生まれだという。かつては都内で電子顕微鏡技師であったが、縁あって鶴岡の人となり、今日に至っている。庄内民俗学会の会員であり、月山筍などについて調べたことは地元紙である『荘内日報』に掲載してきたのだ。

*

霧は時に深くなり時に浅くなる。断続的な小雨霧雨。同乗させていただいた渡辺さんの車から月山八合目に降り立った。ここに来るまで、ずっと上り坂が続いている。もう少し早い時期はその道路の途中から山に入ることもあるが、シーズン最終のこの時期は、いちばん標高の高い地域

月山筍を採る渡辺幸任さん。月山筍の茂みに分け入るには、防護メガネが欠かせない

でないと、すでに育ちすぎて収穫できないとのこと。

歩き始めは午前六時ぐらい。食堂兼土産物屋まである大きな駐車場から、ほんのしばらくは一般登山道を進む。湿原の山であり、整備された木道がゆったりと延びている。そこから、すっと外れる渡辺さん。なるほど、道が延びている。

毎年山菜組合によって手入れされている道は、当然のことながら、山菜組合員が月山筍を採るための専用道である。なだらかな頂稜部からやがて徐々に下れば、あっという間に両側がササヤブの壁となる道。このヤブこそ月山筍の生えている場所なのだ。

先行する渡辺さん。黒いヘルメットに上下黒の雨合羽に身を包む。ホームセンターで購入するそうだが、「九〇〇という型番の雨具が蒸れにくい」とのこと。足元を固めるのはスパイク長靴。その上に雨具のズボンを被せ、さらにずれないように紐で縛る。そして安全のために防護メガネをかける。背には帆布でできた山菜リュック、腰には合成繊維のカラフルな籠が一つ。

さて、いったん呼吸を整えるような小休止の後、いよいよササヤブに分け入る。いきなり苛烈、強烈、激烈である。小枝が、葉が容赦なく跳ね返る。濡れた葉っぱがへばりついてくる。足元もよく見えないほどのヤブ。僕も渡辺さんに言われ、防護メガネを装着している。撮影には邪魔だが、確かに移動中はかけていたほうが安全だ。

必死について行くとまもなくほんのちょっとだけ視界が開けた。小さな流れに沿ったささやかな湿原状の場所。ここに荷を下ろす。水芭蕉の花が清らかだ。

そこからあらためて周囲のヤブに突入する。ヤブの高さは背丈以上というところが多く、視界が利かない。必然、渡辺さんのあとをぴったりと追いかけることになる。

そのヤブの中、体を這わせ、腕を伸ばし、食べごろの筍を採る。手で根元をぽきぽきと折るのである。もしかしたら収穫の時期は過ぎてしまったかも、という心配は杞憂に過ぎず、数歩歩くか歩かぬかのうちに、体が伸び、手が伸びてゆく。そして、籠の中には筍が溜まってゆく。まったく人の気配がないヤブ。方向感覚はどんどんと怪しくなる一方だ。一度だけ、渡辺さん自身もちょっと方向が怪しくなったようで、僕を待たせたまま、周囲の様子を探りに出た。その様子うかがいから戻ってくるときも、僕を確認するため声をかけてきたほどの視界の利かないヤブ。一方、それだけ深いヤブだというのに、ところどころで人の痕跡があるのも、不思議であった。片方だけの腐りかけた軍手。オロナミンCの空き瓶。およそ不釣り合いなモノが、たまに目に入るのである。

渡辺さんは遭難対応で出動することも多いという。実際に筍採りで道に迷う例があとを絶たないということも教えていただいた。むべなるかな。自分がそうならぬよう、気を引き締めて、シャッターを押し続ける。雨具はもちろんだが、ザックもカメラもすでにビシャビシャというかドロドロというか。濡れた上に、ササの枯れ葉や木くずが随分くっついてきて始末に負えない状況である。

いったん籠にいっぱいの月山筍を採り終え、荷物のある小湿地に戻る。採ってきた月山筍をこ

収穫を終えて。伐りひらかれた山菜組合専用の道。ずしんと重い月山筍を背負って、戻る

体を低くして、時には幹にもたれかかるように、月山筍に手を伸ばす。厳しいヤブが続く

こに置いて、再度ヤブへと突入する。今シーズンの最後と決めたこの日、やはり採れるだけは採るという意気込みにあふれる渡辺さんである。

こうして、二度目の収穫を終えてすべての筍をザックに移すと、それはかなりの重量である。ザックがむっくりと膨れるほどの筍。それを背に、山菜組合の道まで登り返す渡辺さん。肩で息をしながら、とにかくササヤブを漕ぐ。大きな荷物は過剰なる抵抗となるがとにかく前進あるのみ。二回の休憩を挟み、ようやっと件の道に飛び出した。

ここで一本を入れたついでに、さらに下ってその道の末端まで連れて行っていただいた。急な斜面が一段落する場所だが、現在ではただの笹原。時期も遅く、ほとんど雪もない状態の場所だが、そここそがかつて月山筍を採るための小屋が掛けられていた場所とのこと。

あの本に出ていた小屋の写真を思い浮かべるが、残念ながら面影は皆無であった。

＊

月山はいまでも信仰が生きる山。だからこそ、月山筍を採る仕事は続いてきたのである。

渡辺さんは、自らその仕事を継承し、一方で丹念に記録を書き留めている。限られた発行部数の『出羽三山信仰と月山筍』。たまたま手にした一冊から、月山筍を採るという仕事を知ることができた。本当にありがたい出会いであった。みなさんにもぜひ、どこかで読んでいただき、その深遠なる仕事を立体的に知っていただきたいと思っている。

（取材：二〇一四年七月　『山の本』二〇一六年夏号「山仕事」を加筆・改稿）

炭焼き——すみやき——

度重なる試練にもめげず、自然との共生をめざす炭焼き人生

佐藤光夫（宮城県七ヶ宿町）

宮城県南部の七ヶ宿（しちかしゅく）町は、蔵王連峰の宮城県側山麓にあり、山形県と福島県に接している。その緑豊かな町の中央部分を東西に大きく横切るのが、宮城県白石市と山形県高畠町を結ぶ、山中七ヶ宿街道だ。

その七ヶ宿街道と付かず離れずという具合に流れる白石川には、平成三（一九九一）年に竣工したダム湖「七ヶ宿湖」がある。

宮城県民の水がめとして満々と水を湛えるその湖だが、その湖底には、いくつかの集落が没している。ダム建設という美名のもと、故郷を離れざるを得なかった人々がいるのである。

＊

佐藤石太郎さんは、その湖底に沈んだ集落のひとつ「原集落」に大正十（一九二一）年に生を受けた。

師匠である佐藤石太郎さん（右）と佐藤光夫さん。石太郎さんが築いた白石市の窯にて

満州に行った時期と、ダムにより故郷を離れた晩年を除けば、七ヶ宿に生きて生かされてきた。山里の叡智をしっかりと生かした人であり、炭を焼き続けた人であった。七ヶ宿を離れ、隣の白石市に暮らすようになった晩年も、家の裏にある雑木の林を買って炭窯を二基も築き、炭を焼いていた。

その石太郎さん、原集落での暮らしや仕事、さらにはダム湖による移転の顛末などを『ダム湖に沈んだ山村の知恵　山中七ヶ宿・原集落風土記』（河北新報出版センター、二〇〇五年）という一冊にまとめている。これは山村に生まれ山仕事に従事された方が、自らの言葉で綴ったたいへん貴重な記録集である（残念ながら現在は入手困難な模様）。

いまでは山に暮らす人、林業に生きる人がブログやＳＮＳで発信をすることも少なくはないが、かつて山仕事に従事された方で、その体験を記録してきた方はかなり少なかった。

思いつくのは、和歌山で炭焼きの家に生まれ育ち、長らく林業に従事してきた宇江敏勝さん、あるいは伐採夫として出稼ぎにも出ていた秋田の野添憲治さんぐらいであろうか。

三百ページを優に超える大著には、原集落での日々の生活、風俗慣習、あるいは移転への道のりなどが実直に、しかし時には思わず相好を崩してしまうユーモアたっぷりの筆致で記されているのである。

そのなかでも、最も力が入っているのがやはり炭焼きに関してである。十六歳からはじめた石太郎さんにとって主たる収入源である。焼き方はもちろん、諸道具や問屋さんのこと、さらには、焼き終えていったんお役御免となった窯についてなど、長く炭焼きが生活の一部であった人でなければ書けないことが山ほど記されている。

面白いな、と感じたのは同じ七ヶ宿であっても、白炭（しろずみ）か黒炭（くろずみ）を生産するのは地域によって分かれる点であった。

僕の認識では、一般的に積雪のある寒冷地では白炭を焼くことが多く、逆に雪があまり積もらない場所では黒炭が焼かれるという認識であったが、七ヶ宿は豪雪地なので、こまめな窯の調節が必要な白炭は雪のために行けなくなることがあり、焼いている炭を灰にしてしまうという可能性から、積雪の多い地域では黒炭を、積雪の少ない地域では白炭を焼いていたようである。

そして、石太郎さんが焼き続けてきたのは白炭であった（ほかにカジコ＝鍛冶工と呼ばれる、

未明の炭焼き窯。どこまでも静かな雪の朝。寒さをかき分け仕事が始まる

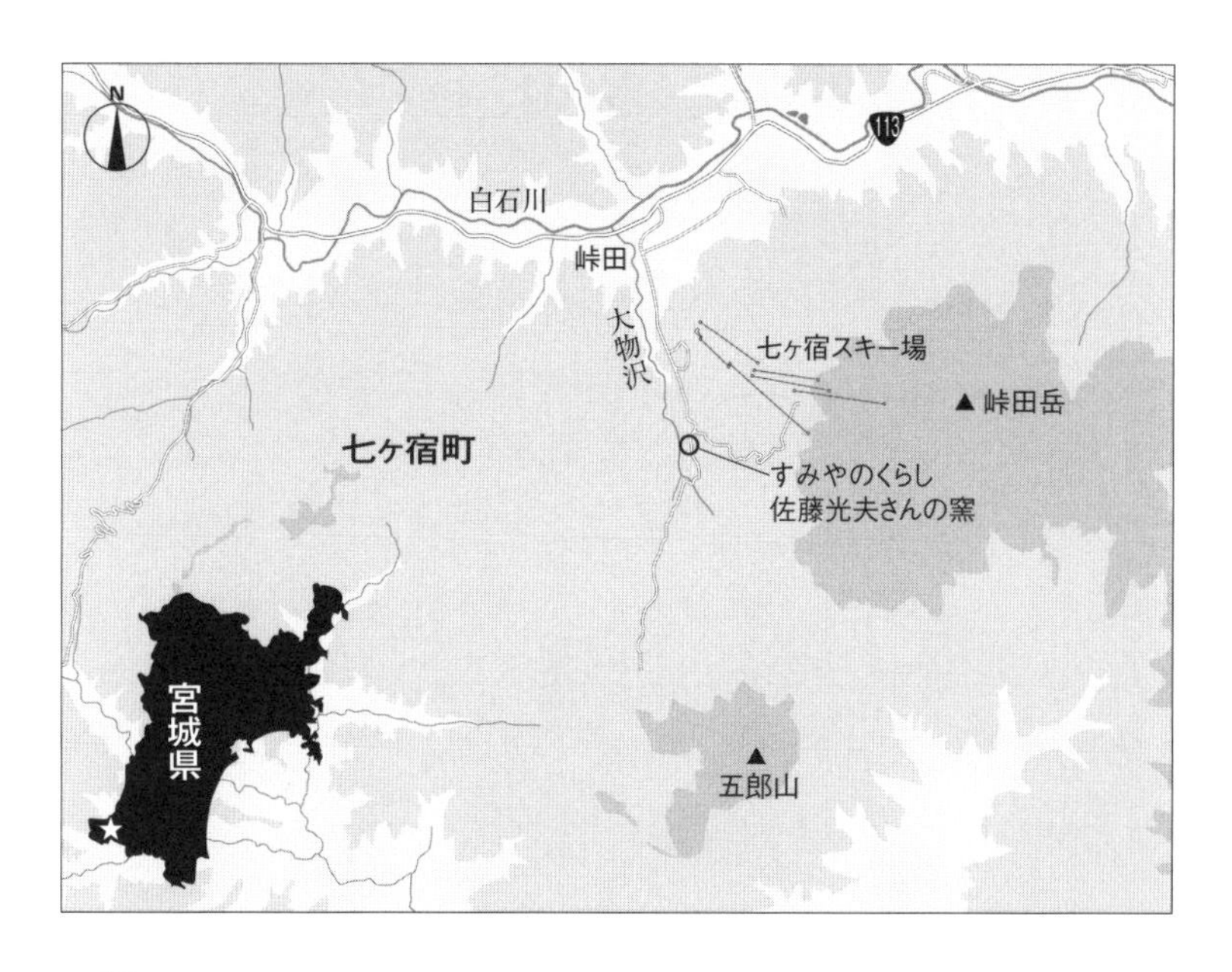

工業用の炭「鍛冶炭」を焼いていた時期もあったようである)。

なお、白炭と黒炭の違いは、素材の違いではなく焼き方＝製炭方法の違いによる。白炭は窯外消火法といい、炭が焼きあがる直前に窯口を開き大量の酸素を入れて、一気に不純物を燃やしきってしまうという製炭方法で作る炭である。窯口の外に引き出した炭は、真っ赤になって燃え盛っているが、その炭の火を消すために、スバイと呼ばれる灰と土の混ざったものをかぶせて空気を遮断するのである。この作業で炭の表面にスバイがついて白色となることが白炭という名の由来である。

白炭は、着火しにくい炭ながら、いちど火が熾きれば、火持ちがよいことなどが特徴で、一般的には黒炭よりも高級とされている。よく知られる備長炭も白炭である。

＊

さて、その石太郎さんの窯を訪ねたのは二〇〇四年のことであった。七ヶ宿の隣となる白石市。小高い丘の上に住まいがあり、窯の位置はその裏手であった。

そこには黒炭の窯と白炭の窯が並んで築かれていた。白炭の窯は、比較的小さなもの。確認をしていないが、おそらく一回の出炭量は三俵から四俵ぐらいであろう(炭一俵＝約十五キロ)。ちょうど白炭の窯出しというタイミングであった。

丸みを帯びた背中をさらに曲げるようにした、小柄な石太郎さん。開けた窯口からカナエボリ(通常はカナエブリだが、七ヶ宿ではエボリという)を使ってジワリと赤く輝く炭を引き出すのであった。作業にはそれほど時間がかからなかったが、炭焼きのハイライトとでも言うべき出炭風景に出会えたのは、よき思い出だ。

あまり長居をした記憶はないが、炭を焼いているときも、あるいはその後に話をした際にも、何とも穏やかな好々爺という印象が深く残っている。

＊

この石太郎さん宅へ案内してくれたのが、佐藤光夫さんであった。石太郎さんの技術をしっかりと受け継いだ弟子として、いまも七ヶ宿で白炭を焼く人である。同じ佐藤姓なのだが、血縁ではない。それどころか、この東北の地からは、はるかに離れた名古屋の出身なのである。

一九六四年生まれの佐藤光夫さん。大学卒業後、教員になったものの自給自足に憧れて一年で退職をしている。その後、田舎暮らしを模索していたころに、たまたま七ヶ宿湖近くにあった当時の石太郎さんの炭焼き窯で石太郎さんの技を伝える講習会があったのだという。

そこで、石太郎さんの目を見てひきこまれたと思い返す光夫さん。炭を焼くという技はもちろんだが、そのまなざしに、直感的に七ヶ宿で山暮らしをする決意を固めたのだという。そして、石太郎さんの手ほどきを受けながら炭焼きへの道を歩み始めたのである。

一九九四年。講習からとんとんと話をすすめてパートナーの円（まどか）さんとともに七ヶ宿に転居。その転居先は、七ヶ宿でも町中心からかなり西に偏った峠田という集落。しかも、人家の集まるメインストリート（国道一一三号）から、グイっと二キロも山の中に入った、一軒家であった。

コナラ等の炭材も山に入り伐採・運搬をしている。炭焼きは山仕事のオールラウンダーだ

太い炭材は割ってから窯に入れる。金矢と斧、そして自らの体で割ってゆく

こちらは現在の窯。大屋根の下に、二基の窯が築かれている。奥に自宅がある

その家にたどり着く手前には、山中に田んぼが何枚か広がる場所があった。そこは古くよりキツネが現れ声をかけると伝えられる場所。

「あんたら、よくあそこに暮らしていられるね」と言われたと、当時を思い起こす円さんである。簡素で古びた木造の住宅は、以前は林業会社の作業員宿舎であったという。侘びも寂も一身に引き受けた実直なつくり。しかし、パートナーの円さん、さらにお子さんとともにある姿は、どこよりも温かな家庭を感じさせるものであった。

そして、佐藤さんの仕事場、香ばしい紫煙を上げる窯は、自宅からすぐ近くに築かれていた。かつては山中に築かれるのが当たり前であった炭焼き窯だが、軽トラックという運搬手段が一般的となり、山から里へ、自宅近くへと、窯の場所は働きやすい場所に移ってきているのである。

さて、日の短い冬場ともなれば、まだまだ真っ暗なうちから、家庭用の小さな除雪車で窯までの道をつけることが朝一番の光夫さんの仕事であった。

それからは、窯のご機嫌をうかがいながらの作業である。

出炭であれば、窯口に少しずつ穴を開けて、酸素を送り込み、温度を上げて燃焼を促進させてゆく。一般的な炭焼きの世界では「ネラシをかける」ということだが、七ヶ宿では「アラシを喰らわせる」というのである。

内部の温度が上がり燃える炭が輝くようになると、いよいよ窯口を開けての出炭。カナエボリを操り、炭を出し、それらにスバイをかけて燃え盛る炎を鎮めてゆく。灼熱の作業であるが、炎のあたらない背中側には雪の世界が広がっており、ゾクゾクとする寒さと噴き出す汗を同時に味わう作業が続くのである。

さらに、窯から木炭を出してからも、新しい炭材を窯に詰めたり、あるいは、太い炭材を金矢で割ったり、焼けた炭を選別したり。そして、時間を見ては山に行って伐採、玉切り、運搬車での搬出と軽トラでの運材。こんな感じで一日のうちでも、あれやこれやと働き続ける光夫さん。すべては、よい炭を出すための懸命な仕事である。すでに立派な炭焼きさんなのであった。

一方で、夜になると地域にある太鼓サークルで練習をしたり、消防団の活動があったりと、まさに充実。円さんも子どもとの時間をたっぷり過ごすだけでなく、窯の周囲で一緒になって働き続け、さらには、炭を撒くなどの活動を通じ、地域の水や森を考えるという活動も行っていた光夫さんたちなのであった。

*

ところで、僕と佐藤さんとの出会いを思い返すと、おそらくようやっと普及したばかりのホームページではなかったかと思う。

ディスプレーに出現した「七ヶ宿の白炭」との文字に、七ヶ宿がどこにあるのか探したことを何となく思い出すのである。

炭焼きさんが自ら発信するホームページというのは当時はほとんどなかったのではないか。それが二〇〇〇年前後のこと。そこでコンタクトをとったと記憶するのだ。

灼熱の窯出し。窯から出した炭は千度を超える高熱だ。オオエボリで寄せてくる

以来、僕は何度も佐藤さんの仕事を撮影させていただき、それだけではなくご自宅にもずいぶん泊まらせていただいた。当時は師匠であった佐藤石太郎さんもご存命であり、石太郎さんの撮影もさせていただいたのはここに記したとおり。

また、本書の馬搬の項で登場する岡田昌さんを紹介してくださったのも、佐藤光夫さんなのであった。岡田さんも峠田集落に暮らし続けた人なのである。

＊

二〇二一年七月。その日、僕は久しぶりに佐藤さんのお宅にお邪魔していた。もう一度、しっかりと佐藤さんのこれまでを聞いておきたかったのだ。

僕が撮影を始めた当時の苫屋（とまや）ではなく、自分で伐採した木を用いて、半分セルフビルドで建てたという頑丈な住居である。それはまだ震災よりずっと前の二〇〇六年のこと。実はその建物の建築過程も少し撮りためていたのだが、ちょっといろいろあって撮影中断。

そんなことがあって、佐藤さんのところから、少し距離が空いてしまい、撮影もほとんど重ねていなかったのだ。

転居に伴い、以前の窯ではなく新居の横に二基の、少しだけ小ぶりの窯を築いて効率よく炭を焼くスタイルに変更していたのであるが、その窯をじっくりとは撮影していなかったのである。

そうこうしているうちに発生したのが、あの忌まわしい東日本大震災であった。

佐藤さんのところでは、地震そのものの被害は思ったほどではなかった。ちょうど窯では炭が

これが光夫さんの焼いた「七ヶ宿の白炭」である。表面をうっすらとスバイが覆う

雪の舞う窯の前にて。佐藤光夫さんと円さん。これが最初の窯である

焼かれており、天井が落ちたら火災になる可能性もあったのだが、幸いなことに、天井が崩れることもなかった。宮城県全体でも七ヶ宿は被害が最も少なかったようだ。

しかし、直線距離で約九十キロという近場に位置する福島第一原子力発電所の事故は、精神的にも重たいものとなってしまった。

七ヶ宿は福島県にも近く、もともと自然とともに暮らし自給自足志向、環境を活かそうと生きてきた佐藤さんたちにとっては、計り知れないダメージになったのである。最初の数日は寝られなかったという光夫さんである。

その後、自分たちで、民間の放射能測定室「てとてと」を立ち上げるなどの様々な活動をしている。

＊

「その後のことを知ることがなく、よかったか

現在の炭窯。縦に二本の支えが入っている。窯が動かないようにする、新しい工夫だ

もしれない」

円さんが、師匠であった佐藤石太郎さんについて話した一言だ。石太郎さんが亡くなったのは、まさに震災の年であった。おそらく、光夫さん、円さんにとって震災からの十年間は、想像以上の苦しみであり試練であったと思う。

円さんが中心となり「すみやのくらし」という銘で炭パウダーを利用して菓子作りやパン作りも開始した。これは、炭パウダーが体によい、ということからはじまった活動であり、いまでは多くのファンがその味を楽しんでいるのである。展示販売会などにも出かけ、時には光夫さんが売り子となることもある。

そして、二〇二一年。震災から十年というこの年は、まさに新たな試練の只中でもあった。

新型コロナウイルスの蔓延は人々の生活を一変させた。なかでも飲食業への打撃は凄まじい。

佐藤さんの白炭も、直接飲食店に販売してきた量が多く、その需要が激減した。売り先がないのである。

今回の訪問では、二基ある窯のうち一基はお休み中。製炭中の窯の進行も、じっくりと焼いていたのが印象的であった。普通のペースでは生産過剰になってしまうのである。それよりはじっくりと焼いてさらなる高品質に仕上げるのだろう。

一方で、母屋と炭焼き窯の間に、美しい建物がお目見えしていた。クラウドファンディングで賛同を得た「チャコールベース」という建物で、建設は八割以上進んでいた。ここでは炭焼き体験をはじめとするワークショップを開催するのだという。問題山積の時代だが、このタイミングでの新たな挑戦。やはり佐藤さんは前向きなのである。それにしても、そういったワークショップも簡単に開催できないのが歯がゆい夏。

そして最後に見せてくれたのが、キュートでシックな箱入りの木炭である。

深い黒のなかに柔らかな光を宿す朴(ほお)の木の炭。磨き上げたその炭に刻まれているのは古代文字で「ありがとう」なのだ、と光夫さん。

これも「すみやのくらし」銘の新しい試みだという。まだ試作段階という小洒落たパッケージは、僕の大事な手土産になったのであった。

(取材:二〇〇四年一月~二〇二一年七月　書き下ろし)

やわらかな光沢が魅力の朴の炭。美しい。製品には思いを込めた小冊子も付録にするという

馬搬——ばはん——

起きてから寝るまでずっと馬とともに。山仕事の要「運ぶ」の古くて新しい形

岩間 敬（岩手県遠野市）

山の暮らし、山の仕事において、運ぶということは実に重要である。山菜から巨樹に至るまで、山の恵みは大小軽重さまざまである。ただし、これらが恵みとして認識されるのは、山から人里に下りてきてからのこと。山中にただあるだけでは、なかなか恵みとはならない。

しかし「運ぶ」という命題に対し、人力には限りがあった。それを補う有効な手段の一つが畜力。なかでも牛馬の力は絶大であった。運送業はもちろん、農業から林業に至るまで、ありとあらゆる場所で牛馬が活躍した。山仕事の現場でも、傾斜が緩やかならば、彼らの力は有効であった。

牛馬、とひとまとめに書いたが、山仕事では、馬を活用する地域が多かった。一度だけ、鹿児島の方から、先代が牛での搬出を仕事としていたということを聞いた。しかし、残念ながら、そ

まとめた丸太を一気に曳く馬。手綱を引くのが岡田昌さん。宮城県七ヶ宿町にて

こでもいまは牛は使われておらず、牛を利用しての林業は未見である。

一方で、馬の利用はあちらこちらで行われたようだ。

僕が中学生の時代だから、おそらく昭和五十年代まで、僕が暮らす神奈川県最北の地でも、馬を仕事で使っている方はいた。トラックの荷台に乗せられた馬をときおり見たものだ。あれは、あちらこちらの山に木を運びに出かけた馬だと思うが、しかし、その姿もいつの間にか消えてしまった。

＊

はじめて馬による搬出を撮影したのは、茨城県八郷町の岡田林業という銘木屋さんであった。一九九〇年代のはじめである。これも『山溪情報版』での撮影であった。

主の岡田好旦（よしあき）さん。かつては馬力屋さんであったという。すなわち、馬車を引いての運送業。その後、転じて銘木を扱うようになった。次郎と名付けられた馬はそこそこの高齢であった。撮影時には重量感たっぷりの樫の幹を一本、山里の道をずるずると引きずり運び出した。粗木曳き、と教えてもらう。この次郎君、北海道のばんえい競馬で使われるペルシュロン種で、山で働くだけではなく、パレードやお祭りでも人気者だということだった。

次に、近くに馬で木の搬出をされている方がいる、と教えてくれたのは、宮城県七ヶ宿町で炭を焼く佐藤光夫さんであった。

紹介されたのは昭和十四（一九三九）年生まれの岡田昌さん。佐藤さんと同じ峠田集落の方であった。たまたま岡田という名字ではあったが、茨城の方と縁戚関係にはない。

撮影は二〇〇四年の七月。地元の森林組合が伐採した木の搬出であった。それほどの距離ではないが、山の中の細い道を、何度も何度も往復する。

ある程度、斜面下部にまで森林組合の方が木を曳き出し、それを岡田昌さんともう一人の方で、トビを使い寄せてくる。それを一回に数本ずつ馬に曳かせるのだ。木は「かつぼう」、あるいは「やっこ」と呼ばれる道具に付けられ曳きずられるようになる。その「かつぼう」は、馬の肩のあたりにつけられた「はも」と結ばれているのだ。また、クサリには車のチェーンを流用しているとのこと。

息荒く何度も往復する姿は、迫力満点。銘木となる樫をゆったりと運ぶ姿とはひと味違う、馬力あふれる光景が、周囲の木々とも馴染んでいるのであった。

さて、岡田昌さんの馬も、やはり北海道のばんえい競馬の馬だとのこと。八頭目か十頭目とのことであった。その名を尋ねれば、「馬には名前をつけない」という驚きの答えを口にする岡田さん。理由を尋ねれば、馬に名前をつけると愛情が生まれてしまうから、とのこと。馬はあくまで仕事の道具という割り切りなのだ。

この岡田さんも、取材後間もなく馬方を廃業されてしまった。

とはいえ、なんとか馬による搬出=馬搬の撮影はできていたのだが、一つ物足りなさがあった。それは雪中での搬出を撮っていないことであった。

＊

岡田さん廃業後、馬による木材の搬出とは巡り合うことはなかった。

二〇〇〇年代に入り、林業界では加速度的に機械化が進みはじめていた。伐倒も大型の重機で行うことが多くなってきた。材の運搬でも、ワイヤーを張っての架線搬出でさえ見ることが少なくなり、多くが車両系での搬出に変わっていった。徒歩での作業道が車両用となり、さらにその道も拡幅。小さなサイズの林内作業車から大型フォワーダが山を行き来する時代になっていった。少人数での大量伐採、大量搬出は、材価低迷にあえぐ林業界の生き残り策の王道になっていった。

この機械化の流れに消えゆくばかりかと思われた馬搬だったが、実は近年、見事に復活を果たしていた。馬搬は車両による搬出に比べ山が荒れない。道整備にかける労力が少なくて済むとい

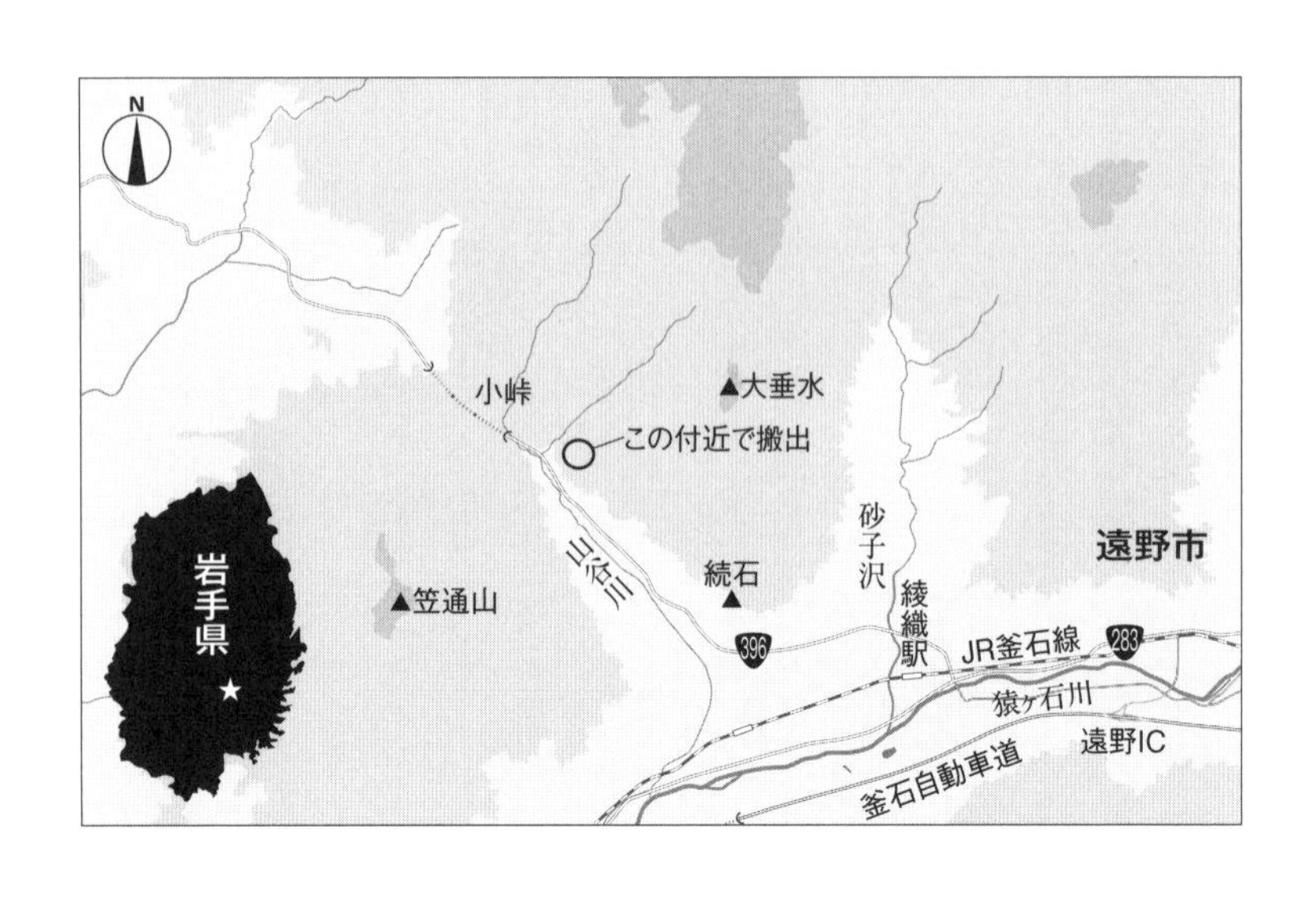

った利点もある。

しかしそれよりも、馬搬復活に多大なエネルギーを注ぐ人物の登場が大きかった。

＊

岩手県の遠野といえば、伝説や民話が伝わる土地としてよく知られている。

その一方で、古くからの馬の産地というのも、遠野の顔である。遠野の古い農家によく見られる「南部曲り家」は、馬を家族の一員として、ひとつ屋根の下でともに暮らす様式の住宅である。このことからも、馬がとても身近な地域であったことがうかがえる。

その遠野を拠点にして、いまや全国に馬搬を広めようかというのが、岩間敬さん。昭和五十三（一九七八）年、遠野の農家の生まれである。

もともと馬は好きであったが、かといって幼

白い大地に、馬の吐く息が荒い。背後から操る岩間さん。すっと滑ってゆく

馬搬に幅広い道は不要である。真新しい雪の上を、まさに滑るようにスムーズに進む

いころからのつきあいではない。サッカーに熱中していた高校時代の終わりのころ、地元の乗馬スクールで馬に乗ったのが、馬との本格的なつきあいのはじめであったとのこと。以降、一気に馬との距離が縮まった岩間さんなのである。

建築設計の資格をとるために都内の専門学校に進学。一方で八王子の乗馬クラブに所属して土日は馬生活に明け暮れた。学校でも、昼休みには馬術書を読みあさっていたとのこと。当時は競技に出たいという気持ちが強かったそうだ。

学校を離れてからは、山梨県の昇仙峡近くの乗馬クラブに就職を果たした。その一年後には帰郷。バイクを売り払うなどして資金を貯え、いよいよ自分の馬を手に入れたのである。それから一年にわたり自分の牧場づくりをした後、誘われて遠野市畜産振興公社「遠野馬の里」に就職と、馬との道を歩み続けてきたのである（その後、退職）。

*

ところで、遠野という場所は伝説や馬の産地というだけではなく、林業も根強く行われてきた地域である。杉などの人工林施業だけではなく、そこでは炭焼きも盛んに行われてきていた。なにせ遠野のある岩手県自体が、木炭の国内生産量第一位を誇る木炭県なのである。そういったこともあり、岩間さんも炭焼きを行おうとしたことがあったのだが、木を運ぶのがかなりの重労働であった。その折、祖父の話から馬での材の搬出に行き着いた。

当時、遠野にはまだ現役の馬方さんがいたという。菊池盛治さん、見方芳勝さんという二人の

うねるように連なる山々を背景に。牧歌的というには少々寒さが厳しいが、穏やかな光景だ

トラックの後ろは箱形のコンテナだ。馬がしっかりと格納できる

仕事に驚いた岩間さん。二人を師匠にして一気に馬搬（遠野では地駄曳きともいう）にのめり込んだのだ。

そして、馬搬の普及を図る一般社団法人「馬搬振興会」を興すに至った岩間さんである。また、縁あって英国に行き「英国馬搬選手」のホースロギング競技で優勝をさらったのだ。

岩間さんは林業にこだわるというよりは、とにかく馬にこだわっている。地元での馬搬のみならず、全国各地を飛び回って馬搬の普及活動を行っている。地域によっては、馬で田畑を耕す馬耕の復活普及にも、一役二役かっているのである。

＊

その岩間さんの現場にお邪魔したのは、二〇一四年の冬のこと。

待ち合わせ場所に停められたトラックの荷台

馬搬を行うということは、馬を飼うこと、馬と生きることが大前提である

は箱形コンテナを搭載。笑顔の岩間さんがその後部を開けば、ちゃんと馬が収まっている。

　そこから山に入る。といっても、トラックの位置からはそれほど遠くはない。現場に着いたら、まずは、あらかじめ伐られていた木を雪中から出す。トビに木を引っ掛け、時に梃子（てこ）の要領でスッと動かして位置を整える。そして馬具につないでいよいよ搬出。

　雪をものともせず、馬が材を運んでゆく。穏やかで起伏のない山。馬も道を知っているので、わざわざ手綱を引くわけでもなく、自然な流れで岩間さんと馬が木を運ぶ。時には、運ばれる丸太に立ち、馬橇のようにスーッと移動してゆく岩間さん。なかなか美しい景色になっているのであった。いったん運んで、空で戻るときも、岩間さんは牽引する道具に立ち、すっと移動してゆく。重機を使う搬出では、一つの作業、一

ブラシを掛けてもらい、馬も満足顔。馬搬でも人馬一体を感じさせる

つの移動に、大きな機械音がつきものだが、時折の岩間さんの声と、時々の馬の鼻息ぐらいで、まったく静かなままの山である。

今回の撮影では、無理やり多くの材を運ばせるのではなく、適度な重量の、無理のないというか、楽しい搬出という印象。運搬する木の重量も軽いかもしれないが、やはり雪上は抵抗なくスムーズである。とにかく馬搬の季節を実感できたのであった。

そして、岩間さんの撮影で何よりもよかったと思えたのが、現場仕事を終えて、自宅近くの牧場に帰ってきたときのことだ。

岩間さんはとにかく馬の世話をするのである。すでにかなり暗くなりかけていたが、馬の餌を十二分に用意して供する。まるで対話をするかのようにして、しっかりと餌をあげてゆく。この、生き物との基本的な、しかし欠かすことのできない交流の現場をじっくりと眺めさせてもらう。ああ、岩間さんは馬とともに生きているのだ、と感じ入る。馬搬という仕事の現場ではなく、起きてから寝るまでの様々な交流までを含めて、馬搬であり山仕事なのだ、と思う。

周囲はすっかり闇に包まれる時刻。東北の冬は底冷えする。しかし、馬と岩間さんの厚情の姿に、僕もすっかり温かな気持ちになることができたのだ。

（取材：二〇一四年一月　『山の本』二〇一七年冬号「山仕事」を加筆・改稿）

山椒魚漁

――さんしょううおりょう――

採り尽くさない工夫をした上で、たくさん採る。
山に生業を持つ者ならではの本源的な知恵

星　寛（福島県檜枝岐村）

会津駒ヶ岳の雪もようやく解け始め、遅い春と早い夏が同時にやってきた六月の檜枝岐。

山の色が日ごとに変化し、野の花山の花がほころびだす。様々な生き物が活動を開始するこの季節、落ち葉の下などに潜んでいた山椒魚たちも産卵場所を求め、清流をめざし始める。

この山椒魚、正しくは〝ハコネサンショウウオ〟。魚と名は付くが、尾鰭背鰭がある魚ではなく、前足後足尻尾付きの両生類。特別天然記念物オオサンショウウオの親戚だが、向こうがオオサンショウウオ科、こちらはサンショウウオ科でサイズもイモリ並みと小振りである。

＊

さて、寛政十一（一七九九）年版『日本山海名産図会』によると、このハコネサンショウウオ、「乾物として小児の疳の虫を治す」と記されている。また、産地として相州・軽井沢・丹波・土佐等の地名が連なり、そして松明を掲げながら、滝の左右を登る山椒魚を採る人が描かれている。

ズウの中には、落ち葉に交じって山椒魚の姿。手早く捕まえる星寛さん

しかし、現在山椒魚採りを生業とする人は数少ない。

その一人である星寛（ゆたか）さんを、福島会津の奥座敷、檜枝岐の自宅に訪ねたのは、もう三十年近く前となる一九九二年のことだ。

＊

「今年は採れないなあ」と言う星さんは、当時六十四歳。昭和二十二（一九四七）年から山椒魚採りを続けている。

昨年までは、この季節には自宅にはいなかった。もう少し山に入った山椒魚小屋に泊まり込んで、山椒魚を採る生活を送っていたのである。向地炉（むかうじろ）小屋とも呼ばれる燻製のための小屋の中で、奥さんと二人で〝黒焼き〟をいぶしながらの生活を一カ月以上続けてきた星さんであった。

しかし、今年は小屋へは泊まり込まず、自宅から山椒魚採りに出かけている。

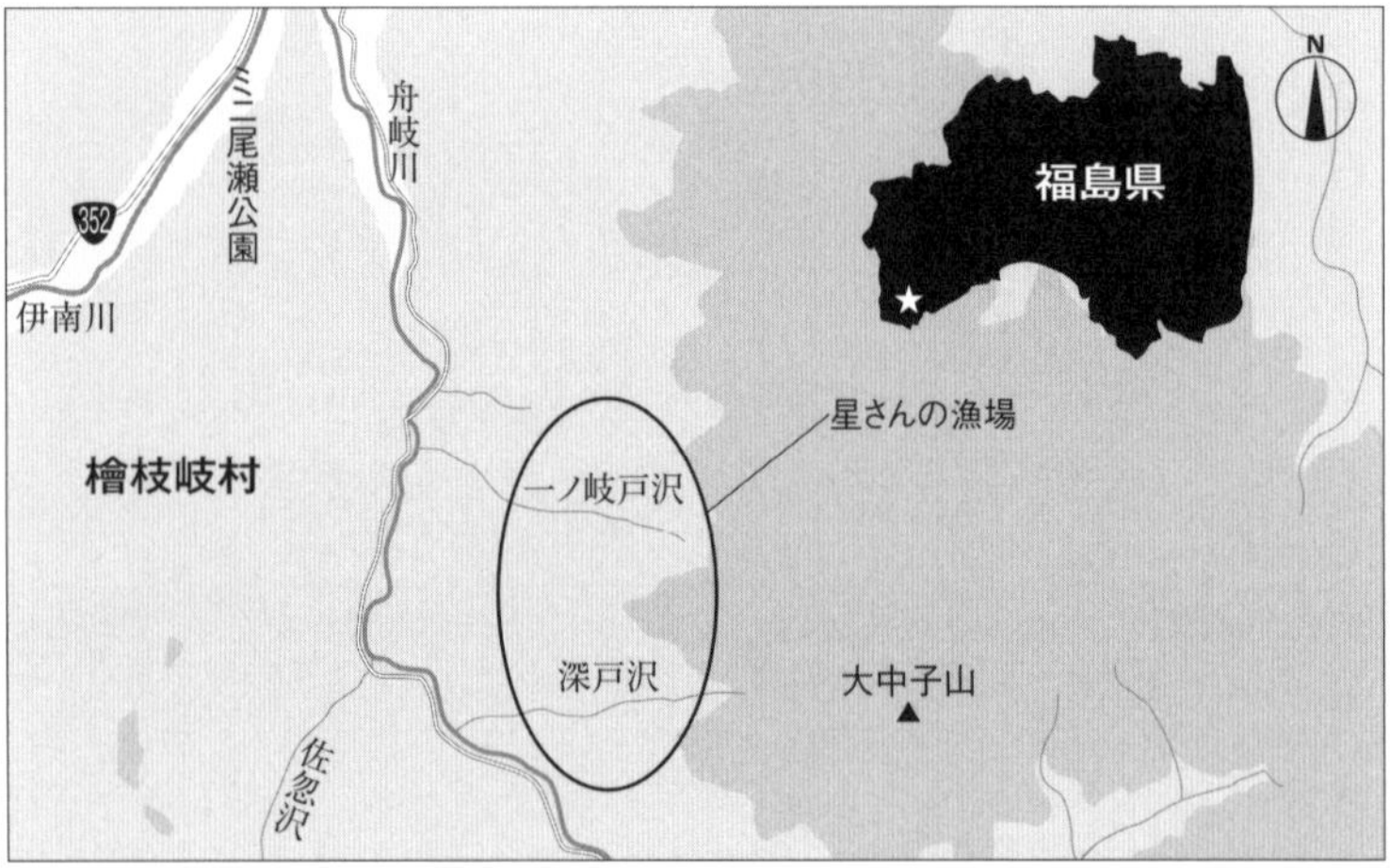

かつては、大陸方面に輸出されたこともある山椒魚の黒焼きだが、「昭和五十年代になってから大阪方面に四回送った」のが、薬として出荷した最後だという。

しかし、現在でもしっかり需要がある。というのは、地元民宿の名物料理に欠かせない存在になっているからだ。

せっかくだからと、星さんのお宅で出してもらった山椒魚は、揚げ衣に手足も隠れ、色合いや大きさはまるでワカサギである。そして、味わいも癖がなく、上品なこととワカサギに勝るとも劣らない。これなら民宿の目玉になるわけだ。

そのため、いまでは山椒魚を冷凍保存するようになったという。春夏秋冬、天麩羅などで味わえるようにするためである。

黒焼きも檜枝岐土産として売られるが、なにせ作るのが手間であり、今年は見合わせたのだそうだ。

*

さて翌朝八時。星さんは愛用バイクにまたがって仕事に出た。『日本山海名産図会』に描かれた山椒魚採りは夜の仕事だが、星さんの仕事は朝からの仕事である。舟岐（ふなまた）川沿いの林道脇にバイクを停め、いよいよ沢沿いの踏み跡をたどりはじめた。沢水は豊かというほどではないが、絞り水というほどでもない。イワナであれば十分に棲めそうだ。

その踏み跡を、慣れた足つきで脇目も振らずにどんどん登る星さん。その足元を固めるのはス

落ち葉等が重なるズウの中で、脱出を試みるも動けなくなり、そのままで力尽きる山椒魚も

清流のわずかな落差を探して仕掛けられたズウ。流されないように、手前の枝に引っ掛けてある

採れたハコネサンショウウオ。大きくても手のひらサイズで、大き目のワカサギと同等だ

パイク地下足袋。頭には編み笠、背中には葡萄の蔓で編んだ籠を背負っている。

十分ぐらい歩いたであろうか。おもむろに流れに近づいた星さん。岩と岩の間から勢いよく流れ落ちる水流に手を伸ばすと、そこに〝ズウ〟があった。

ズウは、山椒魚採り専用のワナである。

赤褐色の細竹を、水戸納豆の藁包みを真ん中で二分したような形に編んだ細長のズウが、流れのなかに立てかけた木の枝に引っ掛けてある。それを手に取った星さんは一瞬のぞき込み、転じて岩上にひっくり返し、中身を確かめる。ズウから落ち出てきたのは落ち葉と枯れ枝。残念。収穫はない。「この場所はもう駄目だな」と言いながら、再びズウを仕掛けなおした。

産卵期が近づくにつれ、山椒魚はより源流へと移動する。下流での収量は自然に減ってゆく

この日は、思ったほどの収穫ではなかった。ズウを見つめる星さんの目が厳しい

のだ。

この調子で沢に仕掛けたズウを確認しながら上流へと沢を詰めてゆく。この沢には約三十のズウが仕掛けてあるという。

ズウの中身は、最初はごみが多かったが、登るにつれ山椒魚が入り始めた。ズウに溜まった落ち葉や枯れ枝の中で、ごにょごにょとあちらこちらで山椒魚がうごめいているのだ。すでに溺死しているものから、慌てて逃げようとする元気なものまで、多いときには一つのズウに二十匹もの山椒魚が入っていることもある。捕らえられた山椒魚、よく見ればなかなかに愛らしい顔つきである。それを電光の速さで、木綿の巾着袋に押し込んで行く星さんであった。

ところで、このズウ。一見、渓流魚を採る筌（うけ）に似ているが、単純な作りで〝返し〟がない。竹と竹の間には隙間さえある。

なぜ、この簡単なワナに、山椒魚は引っ掛かるのであろうか。手足があるにもかかわらず、山椒魚はごろごろと入っているのである。なかには隙間から半身を乗り出したまま息絶えた、努力の跡を見せるけなげな山椒魚もいたのだが……。

この謎を星さんにぶつけたところ、思わぬ答えが返ってきた。「小さいの、運のいいのは逃げている」と言うのだ。

この前夜、星さんは、持続的利用という話をしてくれた。三十年前のことであり、もちろんSDGsなんちゃらなどという言葉もまったくない時代である。そのときすでに、取り尽くしては元も子もない、後の人に申し訳ないということを星さんは語ったのである。この謙虚な姿勢が、山に暮らす人の原則であり、鉄則である。

なるほど、ズウはこのルールにのっとった、山椒魚を取り尽くさないための、知恵あるワナなのである。

また、明らかに収量の減った沢は、一年間休ませるとも言う。星さんは八本の沢の権利を持っているが、この年ズウを仕掛けたのは七本。一本は来年のために手を付けていなかった。

一本目の沢の最後のズウを再び仕掛け終わり、おもむろに星さんが言った。

「ああ、つまらねえ、つまらねえ」

何かまずいことでもあったのであろうか。

「こんなに採れなきゃつまらねえなあ」

多いときには、一つのズウで六十匹も採ってきたという長年の経験から自然に口にのぼった言葉だ。採り尽くさない工夫をした上で、たくさん採りたい、という山に生業を持つ者ならではの本源的な言葉。

少々渋めの表情の星さんなのである。

しばしの休息。新緑の谷間は光に満ち心身爽快である。しかし、山椒魚採りにとっては好天ではない。雨が降り湿度が高いほうが、山椒魚もよく採れるのだ。

一服して二本目の沢へ向かう。尾根を乗越して下るのだ。その尾根の木に「s39、6、13 桶上 大バレ」と刻んである。

桶は筌、すなわちズウ。桶上で、その年のズウを全部引き上げたことを示す。そして、大バレは全然採れなかったことを示す。山で暮らす者、働く者にのみ許される戯語であり、メッセージである。

二本目の沢は、水量が少しで仕掛けたズウは十六個。この沢で採れた個体もやはり少なかった。この沢を下りきって林道に出たらば昼食。午後、もう一本の沢を詰めるのが今日の仕事だ。

＊

沢筋の途中、何本もの栃の木があった。

「山椒魚採りの最盛期はニリンソウの花が咲くとき、そして栃の木に花が咲けば山椒魚採りの季節は終わり」と笑う星さん。あと何日で咲くのだろうか、と思いながら歩けば、もう目の前に林

会津檜枝岐は、水と緑にあふれた奥山の地。だからこそ伝えられてきたのが山椒魚漁だ

からりと乾いた、これが山椒魚の黒焼き。束にして、じわり燻したものである。薬効があるとして、関西に出荷したものだ

小屋には予備のズウがいくつも用意されている。以前はこの小屋に夫婦で泊まり込んで漁に行った

民宿の名物料理にもなっているが、こうして現代でも黒焼きが作られ、土産になっている(二〇一七年撮影)

道があった。
「ああ、つまらねえ」。どこか楽しげなその声が、リフレインするのであった。
(取材：一九九二年六月　『山溪情報版』一九九三年夏号「山に生きる」を加筆・改稿)

山椒魚漁――②

現代の檜枝岐にも受け継がれる、山の民にとってのタフなヤマ

平野敬敏（福島県檜枝岐村）

降り続く夜中の雨。待ち合わせの時間はすでに過ぎている。車中で寝たり起きたりを繰り返した一晩。睡眠が浅いのは、待ち合わせ時刻が夜明けよりずっと前で、とてつもなく早いからだ。とはいえ、雨脚はますます激しさを増している。撮影は延期だな、と独り合点。もう一度、本格的に横になろうと思ったところ、闇を切り裂く自動車が一台。

平野敬敏（たかとし）さんである。「雨が降ってもやめないです。行きましょう」との声。山に入ることはないだろう、という予想は見事にあっさりと裏切られる。大慌てで、最低限の撮影機材を整え、平野さんの車に滑り込む。

今年になって購入したという中古ジムニーが悪路を進む。しばしば落石があるという道。先年使っていた軽の箱バンは、轍と轍の間の草むらに隠れていた落石によりオイルパンに穴が開き、そのまま廃車になってしまったという。

ジムニーは一本の細い流れの手前に停まり、あっという間に出発となった。暗闇にほのかに光

が滲む、まだまだ午前四時二十分。降りしきる雨のなか、あっという間に平野さんの姿は消えてゆく。平野さん、山椒魚を漁りに山へ入ったのだ。

カメラの感度をＩＳＯ六四〇〇に上げるが、開放Ｆ二・八のレンズでさえしっかり構えないと手ブレするシャッタースピード。そんな闇の沢筋へ。手探り足探りで僕も突っ込んでゆく。

＊

星寛さんの撮影から数年もたたないころ、同じ檜枝岐にある会津駒ヶ岳取材の折、車のガラスを割られて多くの機材を盗まれた。尾瀬界隈をひと巡りする山小屋取材が終わりというタイミング。車中にあった中型カメラからスタジオ用ストロボ、そしてそこまで取材撮影したフィルムまで、盗まれてしまったのだ。犯人は捕まらず機材も戻ってこなかった。小屋締め間際の尾瀬。「また来たの?」と言われながら、僕は借りたカメラでもう一度取材撮影をしなければならなかった。

あまりの悔しさと悲しみで、以降ずいぶん長い期間にわたり檜枝岐を避けてしまっていた。気がかりではあったが、山椒魚漁の撮影は、フィルム時代でストップしていたのである。

しかし、二〇〇〇年代も十年以上を経過して、ようやっと再び檜枝岐に足を踏み入れるようになってきていた。

そうなると気になるのは山椒魚漁である。星寛さん宅にも顔を出してみたが、残念ながら、星さんも怪我や年齢などで、山椒魚漁からはすでに遠ざかっていたのであった。

黒い合羽に身を包んだ平野敬敏さん。雨のなか、鎌とバケツを手に沢へと向かってゆく

一方、山椒魚漁に関して、檜枝岐村はとても真面目な図書を世に出していた。檜枝岐村教育委員会が平成二十四（二〇一二）年に編集発行した『檜枝岐の山椒魚漁』という一冊である。

山椒魚漁が他の地域から伝わってきた経緯。また、この檜枝岐村で現在まで継承され、新しき伝統となった理由。また、この地域で採集する山椒魚のほとんどがハコネサンショウウオであることなど。けっして厚い冊子ではないが、丹念な調査が生んだ読み応えがしっかりある報告書である。そのページをめくり、やはりデジタルでも山椒魚漁を撮影したいという思いが強くなったのである。

そして、檜枝岐村の観光課課長を介して紹介していただいたのが平野敬敏さんであった。

さっそく電話で連絡をとり、取材撮影の日程を探った。今年（二〇一七年）は多雪の影響で、なかなか山椒魚が姿を現さないのだという。そうこうするうちに六月が過ぎ、七月頭となるこの早朝の待ち合わせとなったのだ。

*

まだまだ薄暗い谷に、雨はざんざんと降り続いている。

あるかなしかの踏み跡に目を凝らす。大柄な平野さんは軽々と源頭に向かい沢を詰めてゆく。僕の足は歩きはじめからすでに疲労を訴え空回りである。濡れた岩の上で長靴に打ってあるスパイクが幾度も滑る。何度もバランスを崩す。とほほの思いであるが、日頃の不摂生が原因である。

すでに流れのなかに仕掛けられたズウが見て取れる。数カ所はあるようだ。敬敏さん、いちば

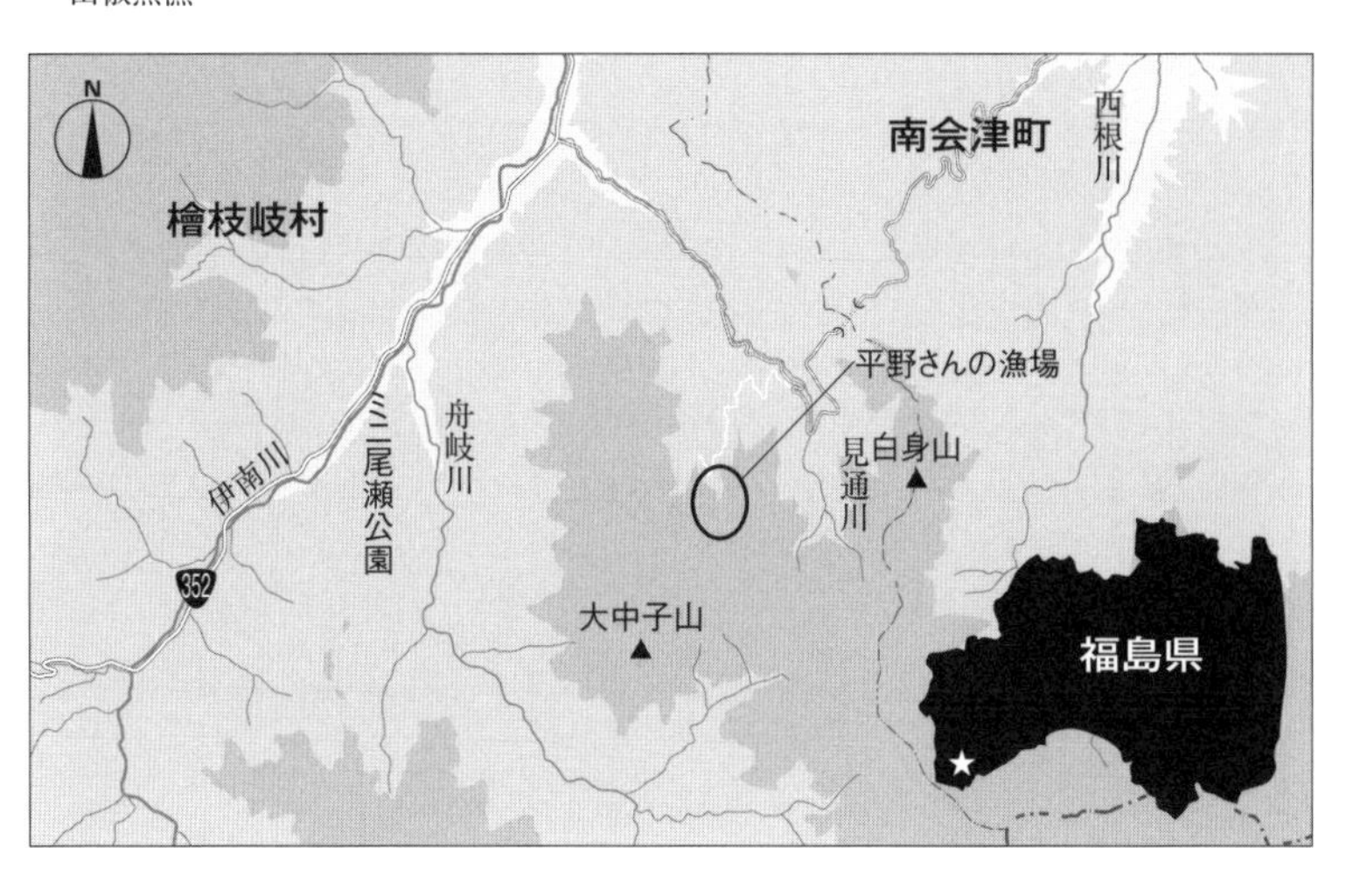

ん上まで登ってから、一つ一つのズウをチェックしながら下るのだという。あともう少しで、いちばん上に仕掛けたズウという場所まで来て、今度は腹がぎりぎりと悲鳴をあげ始めた。仕方なく、いちばん上のズウのある場所はパスをして、草むらに駆け込む。やれやれ。

しばらくして、敬敏さんが上流から戻ってきた。聞けば、いちばん源頭に仕掛けたズウの場所へは、一カ所だが、きわどく樹を抱えるようにして行かねばならぬ場所があるという。まあ、今日のフラフラぶりでは、そこまで行かなくても正解だったかな、とようやっと落ち着いた腹を撫で擦りながら、独り言。

雨脚はさらに強さを増した。笹濁りから本格的な濁りになってきたその流れから、ズウを引き上げる敬敏さん。それは、寛さんが使っていたようなスズタケ製ではなく、漁網と粉ミルクの空き缶をくっつけたものである。スズタケ製のズウはすでに一つ前の世代の道

雨も流れも強くなる一方だ。ずぶ濡れになり、沢に立つ。さあ、山椒魚、入っていろよ!

具となり、近年は塩ビ管や大五郎（焼酎の銘柄）のペットボトルなどと網の組み合わせが一般的なようなのだ。

敬敏さんいわく「以前使っていた大五郎のペットボトルでは潰れてしまうことがある。塩ビ管を利用すると、流されることも多い」とのこと。その一方、この粉ミルク缶は岩と岩の間で、多少なりとも変形させることで、流される確率をぐっと減らせるそうなのだ。

その粉ミルク缶部分に、流れ着いたゴミに交ざり、たくさんの山椒魚がゴニョゴニョとうごめくのである。なかには少数だけ死んだ山椒魚も交じるが、多くは元気にウロウロと動き回るのである。激しい雨のなかで、山椒魚を手早く回収してファスナー付きの小袋に入れてゆく敬敏さん。そして再びズウを仕掛ける。それを繰り返しながら、登ってきたばかりの沢を躊躇なく下ってゆく。

なお、今回のこの沢はズウを仕掛けてからおよそ一週間ぶりの回収であったらしい。

＊

ようやっと明るくなってきた沢。ジムニーが待つ林道まではあと少しである。一体いくつのズウが仕掛けられているのかカウントしそこねたが、十カ所前後のはずだ。なかには、この強雨での増水に流れてしまったズウもあったようだ。

何より、僕らの歩く場所も、いつの間にか濁った流れのなかとなっている。あまり山椒魚が採れなかった、とイマイチ感を漂わせる敬敏さんだが、ちゃんとそれなりに採れていると僕は感心

ミルクの缶をうまく岩に引っ掛ける。そこから網が下流に伸びている。現代のズウである

をしていたのだ。

道具は多少進歩した。スズタケがミルク缶に変わった。とはいえ、やはり人間が体を張っての仕事ということには微塵の変化もない。

敬敏さんが指定難病を抱える身だと僕が知ったのは、取材からしばらくたってからだった。たまたま薬が体に合っていたので、なんとか暮らしているが、働き盛りの年齢で、それまで行っていた個人事業は中断せざるを得なかったという。

それでも、それだからこそ、山に向かってゆくのに違いない。

この檜枝岐に生まれ育ち、山が好きであった。クマの巻き狩りにも参加をしていたのだという。病後も、クマを相手にする体力を養おうと、きついリハビリをこなしてきた。だからこその足さばき。まさに正しい檜枝岐の民である。

ごにょごにょと動き出すハコネサンショウウオたち。バケツの中身を少しずつチェックしてゆく

ズウの中には、枝や落ち葉が交ざる。明るい色のポリバケツにあけてみる。厳しい仕事ながら、楽しみの収穫だ

捕まえたハコネサンショウウオ。日本の固有種であるという。地域によりレッドデータに記載

檜枝岐では「ヤマ」という言葉は仕事を意味すると、前述の『檜枝岐の山椒魚漁』に紹介されている。正鵠（せいこく）を得ている！と思わず手を打った。この「ヤマ」＝仕事という方言は、もしかしたら日本の山を見事に体現しているのではなかろうか、と激しく共感を覚える。しかし、それが生き残っている地域がどれほどあろうか。それを過去の言葉にしないだけの、山の民としてのタフな仕事＝「ヤマ」を平野敬敏さんはしっかり受け継いでいるのである。

＊

頭のてっぺんからつま先まで、乾いた場所など一切ないビショビショの体を敬敏さんのジムニーにねじ込み、山を下った。

濡れた草付斜面にスパイク長靴を喰らわせ、最上流に向かってゆく平野敬敏さん

舞い戻った待ち合わせ場所で短くお礼を告げれば、さっとお別れだ。敬敏さんはこれからヤマではない仕事に向かうのだという。

＊

首から下げっぱなしのペンタックスのカメラもシグマのレンズも、まるで水没したかのように激しく濡れていた。泥やら草やらでぐちゃぐちゃである。そのなかでシャッターチャンスは一瞬の休みもなかった。とにかくシャッターを切ったが、あとで見たら、ほとんどが水滴だらけで使えないほどのぼやけカットであった。

こういう無茶な撮影もヤマであったな。と、あの雨の山を思い出すと、ちょっと笑顔になれるのである。

（取材：二〇一七年七月　『山の本』二〇一七年秋号「山仕事」を加筆・改稿）

木を運ぶ神事

木材は、まさに山の仕事の柱である。石油製品が一般化した昭和の後半まで、およそ人間の作る物、大から小まで木製品の割合はかなり高かった。また、調理にしろ暖房にしろ、そのエネルギーの源の主流は木であった。

それゆえ、木はまんべんなく人々の暮らしの中にあった。このように暮らしの隅々にまで木があるということは、木を運んだ人々が津々浦々にいたということだ。

実際、数多の山仕事に立ち会えば、そのすべてが、運ぶことに絡んでいるのである。木を運ぶことは、山で生きること、山で暮らすこと、山で最も基本的にして最大の仕事だったのではなかろうか。

その運び方。曳き出し、転がし、山から投げ落とすこともあれば、背負うこともある。山のように積んだ材を、木馬(きんま)で運び出す。肉体労働の対価として、木は動く。一切の手心はなし。足し算も引き算もない。山には容赦がない。容赦はないが成果はすべて自らの知るところでもある。

とはいえ、それは力任せという乱暴な仕事ではない。そこには数限りない智が凝縮されているのである。

地元の炭焼き現場で、谷底の炭焼き小屋まで炭材を運ぶ手伝いをしたことがある。人力で放り投げ、下方に移動させるという、最も原始的なスタイルで炭材を移動させた。落とすのは枝を落とし玉切りにされた木。そのとき教えられたのは、木を横にして落とすこと。縦にして落としてはいけない、とのことであった。ところが、ついそのことを忘れ、縦にして落としてしまった。とたんに、木は斜面を何度もバウンドしながら跳ね落ちていったのである。勢いを加速させ、あっという間に。

幸い、直下にあった炭焼き窯からわずかに外れ、誰もいない場所でその木は停止したのだが、あまりに一瞬のことで、声も出なかった。やはり体験をしなければわからないことがあるのである。

玉切りした炭材程度の木でさえ、運ぶには体力と知恵が必要である。まして、それが大木ともなれば、どれだけの労力と情熱、そして知恵が費やされたのだろうか。

*

さて、大木を運ぶことそのものが、まさに神事という祭りがある。

よく知られている長野県諏訪大社の御柱である。数え年で七年に一度だけ催されるこの祭り。上社本宮・前宮、下社秋宮・春宮のそれぞれに各四本、計十六本、樹齢百五十年以上のモミの大木を山から里へと運んでゆく。その氏子だけで二十万人以上、祭り参加者は計百八十万人以上という凄まじい人出でにぎわう全国区のお祭りである。その神事がまさに木を運ぶこと。これは、いかに木を運ぶということが難しく、かつ尊い仕事であったかを物語っているのではないか。

昔ながらの伐採からはじまり、地域総動員で氏子たちが力を合わせ曳いてくる御柱。下社ではその最大の見せ場が、木落し坂である。

まるでスタジアムのようにぎっしり詰め込まれた観客。斜面には綱を持つ大勢の氏子。その見上げる視線の先には、いまや落ちるぞとばかりにセッティングされた御柱。その真上には怖いもの知らずの男たちがドカンとまたがる。じらしにじらした後、いよいよ最後の木遣りとともに、一気に谷底めざして落とされるご神木。またがったままの男たちも跳ね飛び転げ落ち、そしてまた群がり、また飛ばされ、それでも戻る。興奮は最高潮となりエネルギーの坩堝（るつぼ）と化すこの祭り。その主人公が、まさに御柱であり、木を運ぶことなのだ。

モミの柱が落ちる。飛ばされ、はじかれ、しがみつく男たち。祭りのクライマックスだ

諏訪地域全体が浮き立つ祭り。その主人公が巨大な御柱だ

＊

大木を玉切りにすることなく、ある程度の距離をそのまま運び出す。それも一気にまとまった数を揃える。人類の野性を呼び覚ますような祭り、神事には、ただただ興奮をおぼえるのだが、その一方で、この祭りには、人々が大木の運搬という困難な仕事に立ち向かう冷静なプロセスとひたむきな情熱をも感じられるのである。御柱は、まさに昇華された山仕事に違いないと、確信する。

（書き下ろし）

大山独楽作り

——おおやまこまづくり——

植林から加工、販売まで。江戸時代より続く、伝統的な木地師の仕事

金子貞雄（神奈川県伊勢原市）

いまからおよそ三十年近く前。福島県は会津の奥座敷、檜枝岐（ひのえまた）村でのことである。そのとき、僕はその地に伝わる山椒魚漁の撮影で、地元の星寛さんとともに、新緑の山を歩いていた。谷を詰めて、別な谷を下る漁を終えて、山椒魚漁のベースとなっていた星さんの小屋に進もう、と歩く道すがら、星さんが足を止めてひとこと。

「ここにも小屋があったのです」

えっと立ち止まってはみたものの、そこは人の営みがあったとは信じられない森の中である。影も形もないその小屋は、「木地師の小屋だった」と続けた星さん。しかしながら、そのころの僕には木地師とは木を削り加工して器、あるいは東北などの郷土玩具であるこけしを作る職人さん、という漠然とした認識しか持ち合わせておらず。なぜこんな山中に小屋があったのだろう？と軽く思っただけで、その場をすぐに離れたのである。

伝統的スタイルの大山独楽。ちょっとずんぐりの低重心。同心円状の彩色が鮮やか

しかし、それから時がたつにつれて、なるほど、木地師の仕事場も山だったのだ、と少しずつわかってきたのである。おそらくは、会津塗で知られる会津の漆器のもとになる器を、あの山中に建てた小屋でコツコツと刳っていた木地師がいたのであろう。

山仕事、林業を追いかけて撮影を重ね、話を聞いてゆくうちに、「木を運ぶ」ということがいかに重要であるか、ということに気が付いてきた。本書にあるように、木馬や手橇、あるいは畜力などを駆使しながらも、基本的に機械に頼ることなく木を運ぶ。その重量はとても人間の手に負えるものではないほどのときもある。それでも知恵と体力の総動員、自然との真っ向勝負で木を運ばなければ仕事にならない。

その真っ向勝負で少しでも有利な展開を望むなら、木の重量を軽くするということは、とて

ショーケースを前にした金子貞雄さん。
頭上には国際的工芸大会の新聞記事

屋根下には大山講伝統「板まねき」が掲げられる。
数百年の伝統がある「金子屋本店」の佇まい

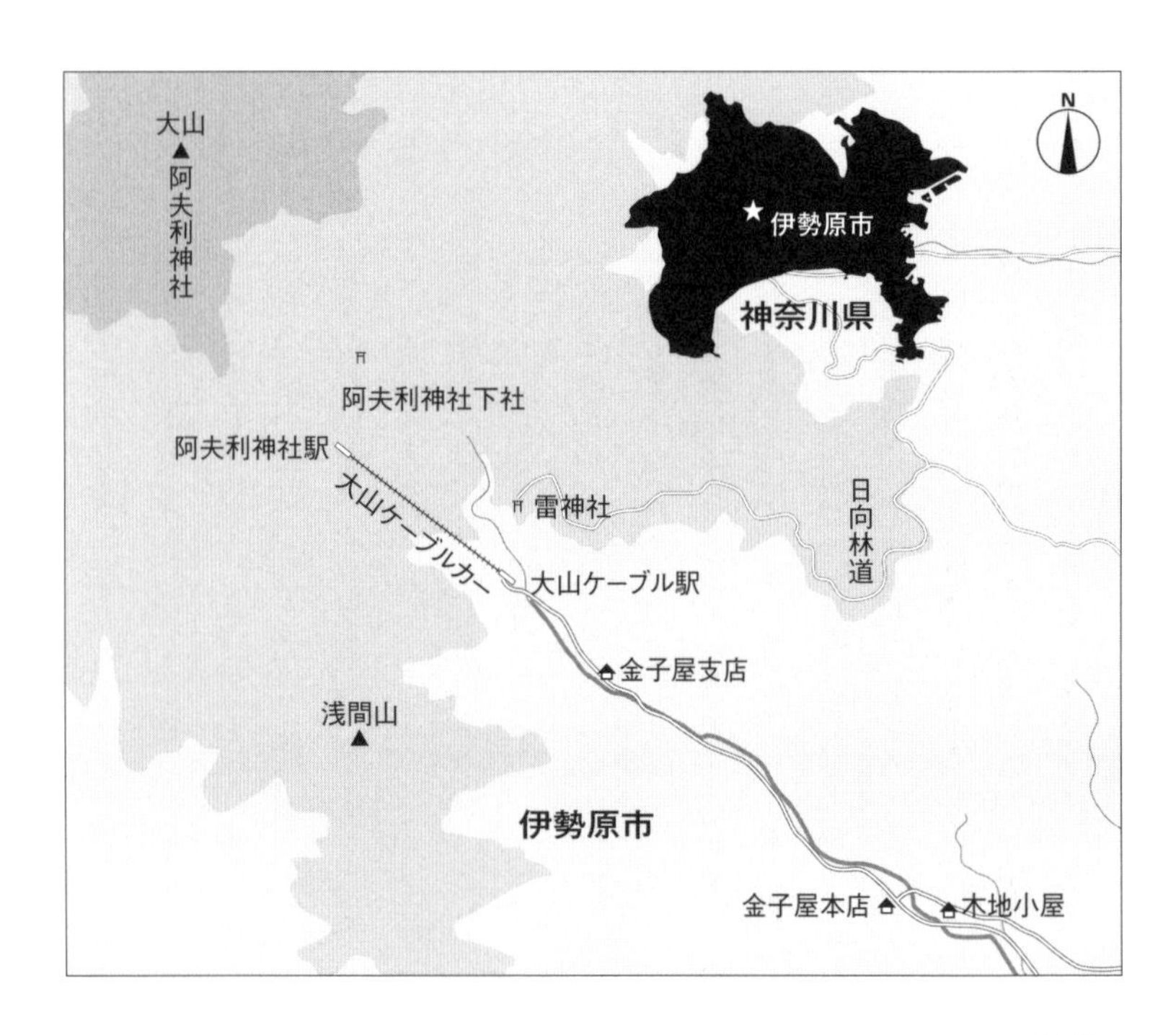

も理にかなうことなのである。

自動車が普及する以前、山中のところどころに炭焼き窯が設けられ、それぞれで紫煙がのぼり、炭が焼かれていたのである。炭焼きさんの取材を重ね、おぼろげではあるが、かつての山の中で行われてきた炭焼きの姿が想像できるようになってきた。

人里離れた山中に窯を築いて炭を焼くのも、原木を運搬するより、山中で木炭に加工したほうが運びやすいからだ。同じように、木を刳り加工する木地師の仕事も、材料となる木を丸太のままで運ぶよりも、調達する現場の近くで加工まで済ませたほうが、はるかにたやすく運搬できるのである。

だからこそ、会津の木地師も山中に小屋を建て、木を刳って器を作っていたはずだ。

しかし、その後、各地の資料館などで木地仕事の道具を見る機会などあったものの、残念ながら木地師との出会いはなかったのである。

＊

さて、ところは移り、神奈川県は丹沢山塊である。

首都圏西方に大きく構えるこの山々は、かつては海の底であったという。移動するフィリピン海プレートに乗り、古い陸地に衝突して海面上に現れ、さらには追って南の海から迫ってきた伊豆半島が衝突した勢いでグイグイとせり上がり、山塊になった。それは地史の上では古い話ではなく、丹沢の衝突が六百万年から四百万年前。伊豆半島の衝突が二百万年から百万年前のこと。

東北地方のように古い地質でできた山々は、すでにその斜面がおおらかだが、それは長年の浸食の結果であり、まだ生まれて間もない丹沢の斜面は急峻で、現在もなお雨風による浸食が激しく進行している。つまりはまだまだ若い山なのである。

その巨大な丹沢山塊のいちばん南東部にあり、特徴ある三角形の容姿で首都圏からもすぐにそれとわかるのが、大山（おおやま）である。

落語「大山詣り」でも知られるように、江戸時代には関東一帯にかけて各地で大山講が組まれていた。地域のなかで講を組む場合もあれば、同じ職業の縁で講を組むこともあったようだ。大山山麓で宿坊を営む先導師のもと、そういった講による参拝登拝でたいそうにぎわった山が大山である。

そして時は流れ、大山登山のスタイルも大きく変化を遂げている。講中登山も残ってはいるが、現代における登山の主流は、やはり家族や気の合う仲間などとのハイキングだ。

多くのコースと、山麓までの鉄道や高速道路、さらにケーブルカーやバスといったアプローチの利便のよさもあり、大山は再び数多くの人々に親しまれている山なのである。

その数多いコースのなかでも最も人気なのが、やはり阿夫利神社下社から、表参道を山頂へとめざすコースである。さて、そのコースの歩き始め、バス終点である大山ケーブルバス停から実際のケーブル駅を結ぶのが、通称コマ参道。その両脇には、土産物屋や名物である豆腐料理の食堂、そして先導師の経営する宿坊などがにぎやかに軒を連ねている。登拝客があふれていたとい

にぎやかな大山だが、山麓はのどかだ。人知れず立つ独楽作りの小屋と金子さん

小屋にストックされた独楽の材料は、しっかりと乾燥されたミズキだ

いまも大山詣りでにぎわう阿夫利神社下社。大山独楽は歴史ある参拝者土産である

う時代を彷彿させる、風情ある参道である。

その一方、少し残念なのが、バスの終点、大山ケーブルバス停よりさらに下った位置の一帯である。かつての門前町の面影をしっかりと残している情緒たっぷりの地域。大山講信者が最初に禊（みそぎ）を行ったという良辨滝（ろうべん）をはじめとして、多くの名所旧跡があり、また歴史を物語る宿坊や土産物屋などがある地域ながら、現代では多くの客がバスで、あるいはマイカーでこの地を通過してしまうのである。それだけに、どこかひっそりとした、タイムスリップしたような印象さえある。

「伝統工芸大山こま製造元」と看板を掲げる金子屋本店も、そのバス終点よりもはるかに下った「大山駅」というバス停前の一軒である。ちょうど、幅広い自動車用バイパス路といまでもバス道である狭い旧道がぶつかる付近。大きくもなく小さくもない構えの店である。かつては、ここがバスの終点であったという。そんなことは後々に知ったことなのだが、現代の目で見れば、残念ながら少々中途半端な立地になっているのである。

＊

さて、丹沢エリアのガイドブックを手掛けていることもあり、丹沢山塊の登山コースはかなり知っているつもりなのだが、あまり得意ではないグルメや土産物については書かなければならないこともある。二〇一六年の初め。大山のガイド記事を書いてください、という依頼も、コースガイドに加えて、名物土産の類を載せてほしいとのことであった。

さて、大山名物である。まず、思い浮かぶのは大山豆腐。

大山講の先導師は年の暮れになると、各地の講を訪ね歩き、御札を配り歩く。十二月を師走と呼ぶが、この先導師の忙しい日々が、師走という語源だとする説さえあるほどに、あちらこちらを訪ね歩いたらしい。その折、訪問先の農家などでしばしば寄進されるのが大豆であったという。大豆はどの地域で栽培したものであっても、品質にばらつきが少ない作物なのだ。こうして集まった大量の豆と大山から滲み出すうまい水があって、大山の名産品である豆腐になったとのこと。

しかし、名物一つでは誌面にならない。

次に思いついた名物が「大山独楽」である。

江戸時代中期ごろから大山参拝の名物となったそうだ。少年たちの日常の遊び道具としても人気であった大山独楽だが、よく回ることから「金運がついて回る」という縁起物としての人気もあり、引き出物や縁起物にも用いられてきた。さらに、いまでは伊勢原市には大山独楽を帽子にしたクルリンというゆるキャラまでいるのである。

もちろん現在もコマ参道脇の土産物屋それぞれに独楽が売られている。なかでも、コマ参道の一軒目となる店「金子屋支店」は店頭で独楽の製作実演をしているお店であり、運がよければガラス越しに独楽作りの職人さんの仕事を眺めることができる。その店の取材をしてみようかな、と思ったのだが、すぐに億劫になってしまった。なにせ、年がら年中参拝客の絶えないコマ参道である。落ち着いて撮影やインタビューができるのであろうか。そんな人通りの多いところで取材や撮影などはちょっと気恥ずかしい。

そこで、ふと思い出したのが、「伝統工芸大山こま製造元」の大きな看板を掲げた金子屋本店であった。はたして店は開いているのだろうか。大山には何度も行っているのだが、やはりあの場所は通過するだけであった。せっかくなので、まずは足を運んでみようか。

＊

というわけで、店舗前。とりあえず車を停めて、様子をうかがう。シャッターは開いているが、お客も従業員も姿は見えない。営業しているのかな、と引き戸に手を伸ばせば、案外軽くガラガラと開くのである。

さて、店内に据えられたショーケースに並ぶのは、当然ながら大小様々の独楽である。なかには格段に大きなものがあるが、それは引き出物や祝い事に遣うようだ。すぐに奥から出てきた妙齢の女性に来意を告げると、それならちょっと待って、と二階に声をかけてくれた。やがて二階から、高齢の男性がやってきた。いかにも好々爺という印象。それが金子貞雄さんであった。

大山独楽のことをうかがいたい、と話をはじめたら、間髪を入れずに「ついておいで」のひとこと。あっという間に、店を出て、自らハンドルを握る貞雄さんなのである。

貞雄さんの運転する軽の箱バンは、バイパスではなく旧道を進んで行く。その後を追いかけることおよそ五分。旧道沿いの住宅の間にふっと曲がりこんだ先が目的の場所であった。

そこには、あまりパッとしないトタン張りの小屋が二棟。車から降り立った貞雄さんがまず招

轆轤が回ったとたんに空気が張り詰めた。職人技が木から独楽を生んでゆく

添木（ウシと呼ぶようだ）で手を安定させ刃を当てる。乾いたミズキから独楽が生まれる

き入れてくれたのがその小屋。驚きはそこから始まった。

＊

「ここが工場です」

比較的広い窓で、中は明るい。ベニヤで打ってあるような壁には、独楽を作る段取りなどを大きく記した紙が、ペタペタと張られている。さらに所狭しと輪切りにされた材料、仕掛け中と思われる独楽が累々、そして加工のためのノミなどの工具が所狭しとずらり並んでいるのである。その中央部には仕事の道具がいろいろ載っているが、どうやら作業台のようでもあり、二人が向かい合って仕事ができるような配置で座れるようになっている。

その足元には、床下モーターからの動力がベルトで伝わるようになっていて、それが卓上にセットされている轆轤（ろくろ）につながっている。

それはまさに木地師の仕事場にほかならなかった。いま、自分がいるのは木地師の小屋なのだ。それはちょっとした驚きであった。この小屋の中に入るまで、僕は大山独楽が木地師の仕事だ、ということに、まったく思い至らなかったのである。

それだけに、この仕事場、この小屋は十二分に刺激的であり、ついきょろきょろと見回してしまうのであった。

まもなく、せっかくだから、と金子さんが轆轤を回してくれることとなった。いざ、仕事のスタイルとなり、材料に向かい合うと、その姿はまさに仕事に向かう職人さんなのである。なんとも引き締まって格好のよく見える金子さんである。

そして、さっそく木を轆轤にセット。モーターでぐるぐるとかなり速く回転する素材の木。添木に手をあてがい、削るための工具の先を近づけてゆく。きめの細かい木肌に柔らかく刃を当てる。シューっと削りカスが増えてくる。この刃物も自分で作るのだと語る金子さん。たしかに、小屋の棚の上には鍛冶仕事に使うための鞴（ふいご）が見える。

仕上げの細かい研磨には、木賊（とくさ）を利用するという。木賊で磨きをかけて、木肌の白さがさらに冴える。

さて、七代目になると語る貞雄さん。なんと九十二歳だという。

貞雄さんが仕事をはじめた最初のころおよそ十年は、モーターではなく足踏みの轆轤で仕事をしていたそうだ。昭和五十一（一九七六）年にはブラジルで開かれた国際的な工芸大会にも出向

独楽の材料となる乾燥したミズキ。白い木肌なので、色が馴染みやすい

轆轤を用いて独楽を削りだしてゆくカンナなど。束ねてあるのは、研磨用の木賊だ

鉈（ナタ）や手斧。金子さんの手になじんだ道具。簡単な鍛冶仕事で道具を整えてきた

独楽の芯を叩き出して削りだす自作の道具。各種サイズ、それぞれ砲弾を利用して作製

いて足踏み轆轤での木地仕事の実演を行った。好評を博したのだ、と相好を崩す。

かつては「大山千軒、須賀千軒」（須賀は現在の平塚市の海岸沿い。港があり栄えていた）と並び称されるほどにぎやかであった、というのがこの地である。しかし、震源が近かった関東大震災とその一カ月後に発生した水害・山津波で、近辺の建物の多くが流されてしまったのである。貞雄さんの祖父もその水害で命を落としたらしい。「まあ、そのときはすでに母親の中にいました」という貞雄さん。

現在二棟並ぶこの木地小屋のうち一棟は、なんとその関東大震災直後に建てられたという歴史あるものだという。貞雄さんが小さなころは、この小屋で貞雄さんの父親が足踏み轆轤で仕事をしていた。そのころ、

手を伸ばせば届く距離に諸道具が並ぶ。金子さんの正面には轆轤がある。木地師の仕事場だ

まだ電気も来ていなかったので、貞雄さんはランプのホヤ磨きをしたそうだ。

もう一棟の小屋には独楽になる原木が山のように収められている。すでに十年から十五年かけてしっかり乾燥をかけているというこの原木。樹種はほとんどがミズキだと教えてもらう。ミズキは木肌が白く、彩色が冴えるのだそうだ。

十分乾燥を終えたミズキは、太いものは四つに割るなどして、木取りを行う。小屋の外側には、簡単に材を切り出すために丸のこを利用した台がしつらえてある。それを利用して扱いやすい大きさに。それからが、轆轤仕事となるのだ。

なお、何となくコマは木の年輪の中心に芯を持ってくるようなイメージを持っていたが、そうではないとのこと。さらに、芯となる部分は、独楽本体となる木から削りだしてゆくのではなく、別工程で製作してから組み合わせてゆく、とも教えていただいた。その芯となる部分は、かつては砲弾であったという円筒状の金属ですっぽりと抜いてゆくのである。

小屋には背負子もあった。かつては人力で山から木を運んでいたのである。「大山は石段だから」と語るように、自宅前から山へと延びていた参道は、バスが上まで路線を延ばす以前は石段でできていたそうだ。

この小屋があった場所は、かつてバスの終点だった時期があったそうだ。そのころにはここに金子屋の店があった。「独楽と土産はつきものだから」と貞雄さん。以前より木地師の職人として、独楽を製造しながら、土産物屋としても暖簾をつないできたようである。

＊

思いがけず訪問することとなった貞雄さんの木地小屋で、その仕事をしっかりと眺め、シャッターを切り、話をうかがった。轆轤で回転する木に刃を当て、形を生み出してゆく。その木地師の技に目を見張ったひとときであった。

さて、小屋での仕事を見せていただいてから、再び店に戻った。感謝の意を込めて手のひらに載るサイズの独楽を購入。手仕事の一点物である。なんともありがたい製品だ。

さて、その店内には一枚の感謝状がかかっている。平成十三（二〇〇一）年に神奈川県に山林を寄贈した際にもらったものだそうだ。かつて、木地師たちは独楽の原木確保を確実にするために、大山にミズキを植えていたとのこと。やはり木地師は山と密接な仕事なのである。しかし高齢となり山の仕事は難しくなったため、森を県に譲ったのだそうだ。そのときの感謝状なのである。そこには「日向林道大山終点南向山林四町七反歩」と寄贈した山林の場所と面積が明記されていた。

*

後日、その日向林道往復約八キロを歩いてみた。大山中腹をトラバースするように設けられた林道である。全線舗装の幅広い林道は、歩きはじめから、ゲートにより閉ざされ、一般車通行止め。のんびりと山腹を巻くように歩を進めた。

林道の唐突な終点からは、さらに顕著に延びる踏み跡があった。そこにはかつては詩人の大町桂月も訪ねたという雷神社がひっそりと佇んでいた。さらにその先は深く削られた谷である。すでに集落から直接の参道が消えてしまい、いまここを訪ねる人は数えるほどだという。

その周囲を含め、目線を左右にしながらの林道歩き往復八キロであったが、残念ながらまとまったミズキ植林を目にすることはできなかった。

見かけたのは単木的に生育する数本のミズキ。あれはかつて木地師によって植えられたミズキの末裔だろうか？　もしかすると、かつて木地師たちが植え育てたミズキはすでに伐採され乾燥され、いまでは人知れず、ひっそりと木地師の小屋奥に眠り十二分の乾燥を果たし、やがてはぐるぐると回る独楽になる日を待っているのではなかろうか。

想像はぐるぐると膨らむのであった。

＊

追記。

滋賀県東近江市蛭谷の筒井神社は、木地師発祥の地とされている。そこには木地師資料館もあり、そこにある記録帳（氏子狩帳）によれば、正保四（一六四七）年から明治十五（一八八二）年までの二百三十六年間に、全国の木地師の名前が四万九千九百九十人も記されているという。『伊勢原の民俗』（一九九六年、伊勢原市）によれば、文政十三（一八三〇）年の筒井神社の氏子台帳には大山の木地師として、中村屋・金子屋・岩田屋・播磨屋の屋号と二十六人の名前が記されているとか。

現在、大山独楽を作る方々は本当に限られた人数となってしまったが、金子屋と播磨屋は現代にも引き継がれている。あらためて歴史ある仕事なのだと思う。

なお、貞雄さんはご高齢でもあり、現在（二〇二一年）は勇退されたとのこと。八代目で、コマ参道の支店で製作実演をされていた吉延さんが金子屋の看板を引き継いでいる。そして、吉延さんが引き継いでいるのは、金子屋という看板のみならずだ。大山独楽の職人としても最年少（といっても七十代）として、奮闘されている。

近年、大山が日本遺産に認定され、また大山独楽の製作技術が伊勢原市の無形民俗文化財に指定されている（二〇一七年、金子氏親子を含めて五人）。こうしたことが、大山独楽復興のきっかけになることを願うばかりだ。

＊

追記その二。

コマ参道には、やはり独楽を製造販売するゑびす屋もある。ゑびす屋のミズキをストックしている小屋もコマ参道沿いにあるのだが、教えてもらわないと気が付くものではなかった。

一方、バス終点よりずっと下方となる「社務局入口」バス停から大山川左岸の旧参道を大山阿夫利神社社務局方面に進むと、はりまや名産店がある。その味わいある手書き看板には「木製玩具製造元」と記されている。大山の木地師たちも独楽だけではなく、各種の木工玩具さらには木工製品を作っていた歴史がある。独楽製作にとどまらない木地師の仕事を物語るような看板で、店構えとのおさまりのよさとも相まって、見事な風景になっている。

（取材：二〇一六年一月　『山の本』二〇一七年春号「山仕事」を加筆・改稿）

立山かんじき作り

——たてやまかんじきづくり——

立山のお膝元、芦峅寺で脈々と続いた木製雪上歩行具の製造技術

佐伯英之（富山県立山町）

秋半ば。山からの雪便りがちらほらと聞こえはじめるその前後。登山用品店で急に目立ちはじめるのが「わかん」であった。店によっては、見事にずらりと吊るされていたものだ。しかし、昨今では、雪上歩行といえばスノーシューが大人気で一世を風靡。シンプルなわかんの姿はあまり見ない。また、わかんがあっても、連綿と続いてきた従来からの木製品ではなく、アルミ製のものばかりになってしまった。

＊

ところで、わかんとはどういうものだろうか。まずはカンのほうから簡単に説明しておこう。それは「かんじき」の略なのである。漢字で記せば「樏」あるいは「橇」。雪上歩行になくてはならぬ伝統的な道具である。基本的には雪に沈まないようにするために靴やわらじなどに装着する道具である。なかでも輪になった形状のものを、輪かんじきと称し、その省略こそが「わか

シンプルで機能的。木肌も美しい。「立山わかん」を手にする佐伯英之さん

ん」なのである。

一方で、かつて（一九八〇年ごろ）スノーシューを西洋かんじきとも呼んだ時期があり、それに対する日本のかんじきということで「和かんじき」という意で使われたこともあった。いずれにしても、多雪地域の日常の多くで使われてきた伝統ある道具である。そして、日常のみならず冬山登山でもなくてはならない道具であった。

山の写真を生業にしていた僕の父なども冬のアルプス山行などには必ずわかんを携行しており、わかんをさらに省略し「ワッパ」という軽快な愛称で呼ぶのであった。

さて、わかんは木の枝を曲げて楕円形にしたものが多い。楕円といっても、まん丸に近いものから長細いものまで多様である。さらには素材の木にも細いものから太いものまであり、バリエーションは豊富である。さらに、急峻な斜面での滑り止めとなる爪の有無、その爪の大小など、それぞれの土地にふさわしいわかんが使われてきていた。

しかし、かつて登山用品店に並んだわかんで、僕が目にしていたものは芦峅寺（あしくらじ）のわかんばかりであった。芦峅寺とは越中立山山麓の地名である。いまも僕の手元にある三十年ほど前にはじめて履いたわかんも、都内の大手登山用品店で購入したものだが、薄れてはいるものの「芦峅」という焼き印が残っている。

この芦峅寺。越中立山登拝の入り口であり、立山、剱岳の名ガイド佐伯文蔵や南極での活躍でも知られる佐伯富男など、多くの登山ガイド、あるいは山小屋関係者が生まれ育った土地として

わかんの材料は春の山で採取。このときは、来拝山の中腹に延びる道をたどった

道を外れて探す、オオバクロモジ。太さ約二センチ。形状は真直ぐ枝分かれしていない部位を伐る

使い込んだ昔ながらの大きな帆布製のザックが膨らむ。詰め込んだオオバクロモジが新しいわかんの材料となる

軽の後ろに材料を満載する。まずはざっくりあらく選び、長さ太さで分けてゆく。立山山麓、春の光景

知る人も多いはずだ。雪山登山が盛んになるはるか以前より、雪山にこもって狩猟をしていた歴史のある土地である。そこに生きた人々の足元をしっかりと固めてきたのが、この芦峅寺のわかんというわけだ。他地域のわかんと見比べても、その爪の深さと剛性感にはゆるぎないものがある。

ところが、その芦峅寺のわかんを見ることがなくなってきた。冬の登山用品店に行っても、カラフルなスノーシューがあふれるばかりで、あとは隅っこのほうに申し訳なさそうに並ぶアルミ製のわかんを見る程度なのである。

はたして、芦峅寺のわかんはどうなっているのだろうか。作り手はいるのだろうか。

さっそく現代の魔法、インターネットで検索。するとヒットするのは「立山かんじき」というものであった。

「私の作ったものです」

＊

こう穏やかに語るのが、佐伯英之さんである。「立山かんじき」という銘で伝統的な芦峅寺のかんじきを作り続けているただ一人の方であった。もともとは芦峅寺に暮らしていたが、もう少し町中に移動し、立山町に居をかまえていた。

僕の持参した、愛用のかんじきをひと目見て、瞬時にそれが自身の作だと教えてくれたのである。手に入れてから三十年という時を経て、製作者に巡り合うとは、かんじきにとっても嬉しくも不思議な縁である。

縁といえば、英之さんを取材撮影ができたことも縁であった。「立山かんじき」で検索をかけると、すぐに佐伯英之さんの名がでてきた。次に見たのは立山町が撮影した、佐伯さんがかんじきを作る一部始終の動画である。芦峅かんじきのバックグラウンドを知ることもできる貴重な映像だ。

その映像には、かんじきを履いて鉄砲撃ちに出る地元猟友会の青年が出演している。「現代の鉄砲撃ちは主にスキーを利用するが、わかんの場合、小回りがきく」と語るその青年。驚いたことに、以前僕がよく通った山小屋で働いていた方であった。懐かしや。しかし、そこでちょっとひらめきがあった。

当時の彼が働いていた山小屋の主には二十年以上にわたり僕もイロイロと世話になっている。

その方の家も芦峅寺にほど近い。そして地域でもあれやこれやの顔役であったはずだ。その主を通じれば、英之さんに連絡をとれるのでは？と考えたのだ。というわけで、僕にしては珍しく、間に入っていただいて取材のお願いをしてみたのである。

はたして、策は正解であった。縁があったのだ。

当時、すでに伝統的なわかんを作っているのは佐伯英之さん一人であった。だから取材依頼も少なからずあったようなのだ。しかし、近年では多くの取材を断っているとのこと。

一方、英之さんもいまから三十年以上前に、あの小屋主の山小屋で仕事をした時期があったということがわかった。「あの橋を架け替えた」「その小屋を造った」と、懐かしい顔で語る人なのである。

その小屋の主からの紹介のおかげで、今回は特別に取材ＯＫとなったのだ。ありがたい、と思うと同時に縁の不思議も思うのである。

＊

さて、僕が勢い込んで佐伯さんの工房にうかがったのは、二月の初めであった。僕のほうから、この日はご都合いかがですか？と尋ねた日時だった。

僕の頭のなかでは、わかん作りは冬の仕事という勝手なイメージがあった。雪積もる前に採集した材料を、雪降る季節の間に加工する。山村での手仕事にありがちな状況を一方的にイメージしてのことであった。ところが、違っていた。

工房二階にて、かんじきを組み上げてゆく佐伯さん。近年は立って作業するそうだ

かんじきは冬山で命を支える道具である。爪も取り付けが終わり、最後の仕上げ。念入りに力を込め締め上げてゆく英之さん

機能的に整頓された工房の壁。かんじきの前後や太さ細さに対応して、曲げるための器具が用意される

この長方形の箱が釜になっている。オオバクロモジは茹でられると、一気に曲がるほど柔らかくなる

作業台に置いた器具に沿って、茹で上がった材料を曲げ、針金で留めてゆく

この日の英之さんの仕事は出荷であった。

自宅脇となる工房の二階にずらりと並んだわかかん。それを大きさごとに束ねてスポーツ店に出荷するのである。

ただ、さすがに出荷だけでは絵にならない。話のついでではないが、せっかくなのでと、わかんを組み上げる工程もみせていただいた。

馬蹄形にぐにゃりと曲げられた二本の枝は、すでに樹皮も剝がされて、艶めき美しい。その枝を楕円形になるよう組み合わせてゆく。その楕円の両脇には深い爪を噛ませてしっかりと固定。こうやって無駄なく手際よく、一組のかんじきに組み立ててゆく。

このときは座ったままでかんじきを組み上げていった英之さん。「昔の人は座ってやっとったもんです」と語る。英之さんは腰痛のため、普段は立ったまま仕事をしているそうである。

こういった作業、「昔は冬場にやっていましたが、いまは寒いので」ということで本当は冬にはやらなくなっているとのこと。この段階で、かんじき作りは冬の仕事という自分の勝手な思い込みに気が付かされたのである。

それでも、おかげでかんじき作りのアレコレをうかがうことができた初回の取材。何よりの成果は、春になってからの原木採取への同行をお願いできたことであった。

＊

四月中旬。北陸富山とはいえ、すでに山麓低山の雪は消え去り、芽吹いたばかりの山々は、なんとも言えぬ明るさであった。

英之さんの運転する車に追従する。街場を離れた車は、いつしか常願寺川に並行する道を走り抜けていた。そのまま、かつて英之さんが暮らしていた芦峅寺の集落をも抜けて、来拝山（らいはいさん）へ向かう車道を進む。この山は、かつて立山が女人禁制だった時代に、女性の方々が山頂から立山を拝んだ山だという。現代では手軽なハイキングコースが整備され、また山腹には国立立山青少年自然の家という施設が設けられている。

その山腹に車を停めた英之さん。身支度を整えて、ヤブの色濃い林道に向かって歩きはじめた。最初の取材時に、材料を採る山はこのあたりとうかがっていた場所だ。なお、一度かんじきの材料を採集すると同一箇所での次の採集までには5年間をあけるとのこと。こうした利用方法で資源を枯渇させずに、継続的に山を生かしてきた英之さんである。

さて、この日、かんじきの材料として採取したのはオオバクロモジ（クロモジの変種。日本海側に分布）であった。ほかにかんじきの材料として英之さんが名前をあげた木はジュシャという木であった。方言なのでよくわからないが、どうやらアブラチャンのようである。オオバクロモジにせよアブラチャンにせよ、いずれもクスノキ科の低木である。低木なので、高い木に登っての作業や腕のような太さの枝を相手にするということはない。かんじきに向いた二センチぐらいの太さの幹、あるいは枝で、しかも枝分かれせず傷がなく太さが均一な箇所を選んで、次から次へ。まだ葉が出揃っていない山だが、山道から一歩入ればヤブ山であり、視界良好とはいい難い。

時には所在を確認するための赤布を結びながら、ノコギリでギシギシ伐ってゆくのである。

　こうして、ある程度材が集まったところで、持参したザックにぎゅうぎゅういっぱい枝を詰め込み、車へと戻る英之さん。古いながらも帆布でできたいかにも頑丈なザックには、少々かすれたマジックの文字で、祖母谷温泉小屋と記されている。黒部川の谷筋に分け入った、山の中の山小屋である。どうやら親戚筋らしい。その丈夫そうなザックのポケットには補修の跡があった。

「最近はこういったザックが手に入らない」と語る英之さんである。

　材料となる枝をおろしてから、さらにもう一度山道を戻る。同じようにヤブに分け入り、手でのこぎりをひく。こうして揃えた枝は合計で百本以上にもなっていた。この材料集めこそ、長年積み重ねてきたかんじき作りの原点なのである。

　昼を挟み、次に車で移動したのは英之さんが仲間と持つ小屋である。以前は、スキー場のロッジであったが、使われなくなったもの。自ら手を入れて、友人たちと遊ぶこともできる場所になっている。

　その小屋の前で伐ったばかりのオオバクロモジの大雑把な選別を行う。かんじき一つ作るのに前後二本の材料が必要となる。しかも左右でワンセットなので合計四本。ということは百本の材料は二十五組のわかんになるということ。素人目にはわからぬが、粗選びとはいえ、長さ太さを見極めてしっかりじっくりと材を分ける英之さんであった。

＊

その翌朝。自宅工房前へ。車から降りれば、なんとも芳しい香りがあたり一面に漂っている。約束の時間にうかがったのだが、すでに英之さんは仕事にかかっているのであった。

昨日伐ったオオバクロモジは、工房内ですでにグラグラと煮え立つ釜の中にあった。釜という言い方が適切かどうかはわからないが。長いオオバクロモジを短くすることなくしっかり浸せる長方形の鍋のようなものだ。

前述のようにオオバクロモジはクスノキ科。もともと芳香豊かな植物だが、それを束ねて煮ると、かくも芳醇な香りを醸すのか、と驚かされる。その長方形の釜の蓋を開ければ、わっと白く煙る水蒸気。前掛けにゴム手袋という完全装備で立つ英之さん。十二分に煮え立ったクロモジをつかみ上げるやいなや、すぐに正面にセットした自製の器具に沿ってぐいと捻じ曲げる。

すると、あの硬い枝が見事くにゃりと曲がるのである。同時に樹皮がぽろりと剝がれ、つるり白い肌もあらわになる。そのぐいと曲がり馬蹄形となった材が再び開かぬように、針金のストッパーをさっと噛ませてすぐに広げてあったブルーシートへと放る。

繰り返されるこの作業。惚れ惚れとする鮮やかな手さばきである。こうして曲がった材料をさらに乾かし修正し、そして芦峅寺ならではの深い爪（これももちろん英之さんお手製のもの。材料はイタヤカエデのようだ）を装着し、ようやっとわかんが誕生する。

＊

さて、昭和六十二（一九八七）年から英之さんが続けてきたわかん作り。当時はまだ数人いた

工房一階ガレージの奥に、大中小とかんじきが並ぶ。かつての登山用品店を思い出す。すべてが佐伯さん手作りながら価格は良心的なものでありがたい

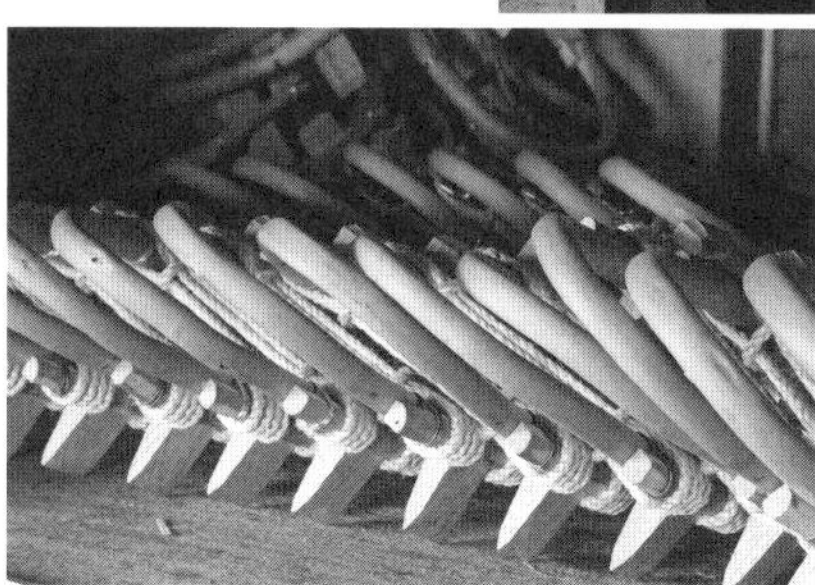

機能美と伝統美。この深い爪こそ、この地のかんじき。命を支えた道具は、見事な工芸品でもあるのだ

芦峅と刻まれている焼き印。僕のかんじきは、間違いなく、かつて佐伯さんが作った品であった

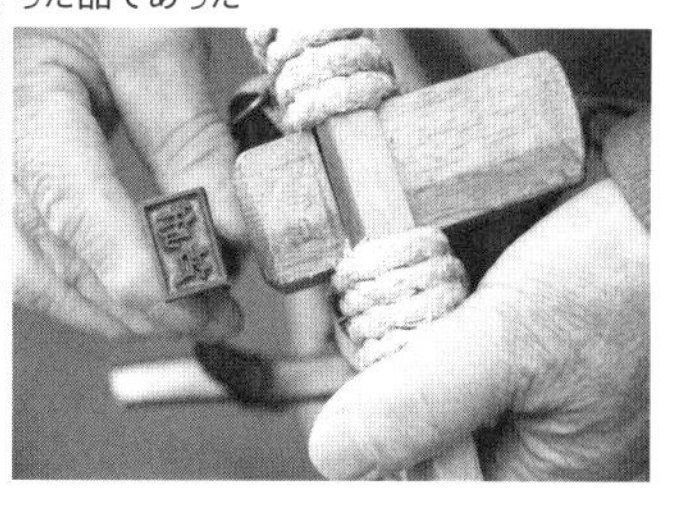

職人もいまや英之さん一人である。もう体もいうことをきかんようになってくるし。山から木を採ってくることが大変なんです」

すでに七十代半ば。後継者はいないという英之さん。まだまだ体力はありそうに見えるのだが。登山者に愛されたわかんの灯火よ消えないでくれ、と思いながら、立山の地をあとにしたのであった。

*

追記。

取材は二〇一六年のこと。まだまだ、体力気力ともに余裕があるように見えた英之さん。まだまだわかんを作り続けるのだろうと思い込んでいたのだが、その翌々年となる二〇一八年には、わかん作りを辞されたとのこと。悲しいことではあるのだが、一方、嬉しいことに、後継者が現れたようである。立山わかんの伝統は継がれたとのこと。

つまり、まだ間に合うのである。遅くはない。ぜひ、多くの人が立山わかんを手にし、山でガンガンと使っていただきたいなと思う次第である。

（取材：二〇一六年二月、七月 『山の本』二〇一六年冬号「山仕事」を加筆・改稿）

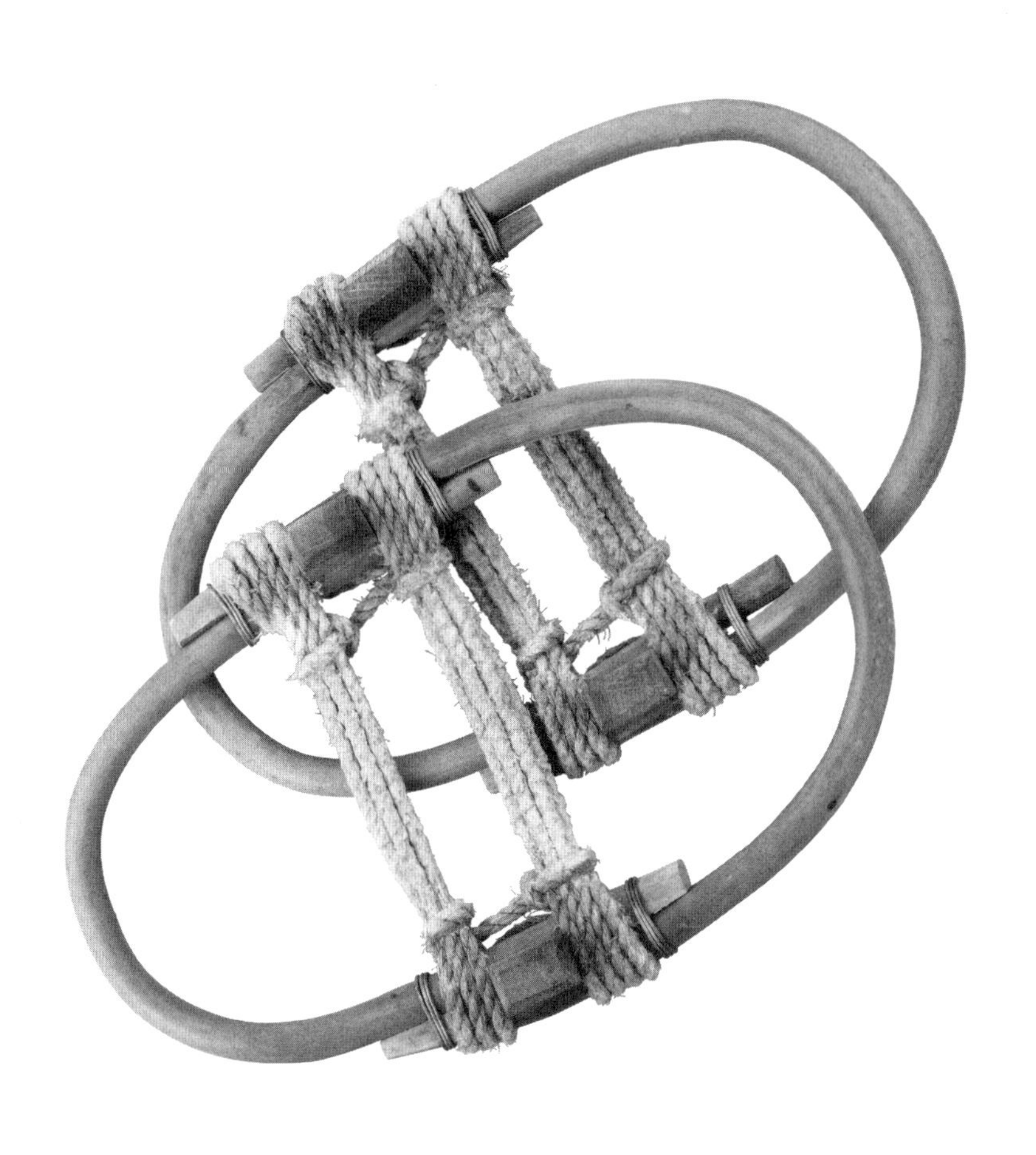

シンプルにして軽量、しかし頑丈にして長持ち。これぞ佐伯さんのわかんである

手橇遣い
——てぞりづかい——

豪雪地ならではの山人の叡智。バランスをとって下る雪上の運材

大矢義広（岐阜県高山市）

木を運ぶ。ということを考えよう。

山で伐られた木が運ばれている姿。それは、現代においてはほぼ間違いなく、山と積まれた丸太をトラックが運んでいる風景ではなかろうか。しかし、トラックや林道ができる以前はどうだったか。地域によっては網の目のように支線が発達した森林鉄道がその役を担っていたかもしれない。しかし、多くの地では木を運んだのは水力であり、そして何より人力であった。

そこで活躍したのが橇（そり）。橇と言っても様々な種類がある。僕がはじめて出会った炭焼きさんの石井高明さん（旧津久井郡藤野町、現在は神奈川県相模原市）が使っていたのは、長さ約一メートル八十センチの橇であった。登山道のような道にそれほど太くはない木を所々に横に敷き、力と重力を頼りに、炭材を満載したその橇を窯まで曳いてゆくのであった。こういった橇は一般的に木馬（きんま）（一七二ページ参照）あるいは土橇（どぞり）とも呼ばれている。

手橇で搬出をする大矢義広さん。柔らかな雪がスムーズな運材の邪魔をしている

石井さんの橇道は、ほぼ山道そのままであったが、まるで鉄道線路のように、桟道や橋などで勾配を調整した橇の道＝木馬道を整え、たった一人でトン単位もの木材を木馬一台で運び下ろすという仕事も全国で見られたようだ。

このように、土の道や木馬道を曳く橇だが、さらに橇の活躍する場があった。雪上である。雪は人々を苦しめる元でもあるが、様々な利をもたらすものでもあった。締まった雪上であれば、重量物を積んだ橇をすっと滑らせ運ぶことができるのだ。

以前、秋田の炭焼きさんを訪ねたときのこと。雪の山で伐採した炭材を運ぶのは、ブルドーザーがゆっくりと曳く橇であった。山上の伐採現場からトラックの入る山懐まで運び出した。橇の上に山と積まれた炭材。僕はさらにその上に乗せてもらい、伐採現場の雪の山から下りていったのだ。雪面を穿つようにして延びる道はカーブのたびにぐらりぐらりと横に揺れ、あまりの怖さに一度はパッと飛び降りてしまったことを覚えている。しかし、山盛りの炭材を奥山から一回で運べるのだから、橇はなかなかのスグレモノだと感心した。

＊

閑話休題。

ノンフィクションを書き続けた野添憲治さんが亡くなられた、というニュースが全国に流れたのは、二〇一八年四月のことであった。戦時中の強制連行で働かせた中国人にまつわる「花岡事件」との関わりなどで惜しむ声があがっていた。

僕にも、あっと声をあげるほどの残念な出来事であったのだが、それは野添さんが貴重な山林労働に関わるルポルタージュを幾冊も上梓されているからであった。野添さん自身が十代半ばから、山林労働に汗を流していた、まさに自らを語る体験者であった。

なかでも『出稼ぎ 少年伐採夫の記録』（野添憲治著、三省堂、一九六八年）は、衝撃的な一冊である。秋田で暮らしていた少年時代の筆者が、冬季の出稼ぎとして地域の人々とともに、自宅を離れて各地に伐採や搬出といった山仕事に携わった貴重な記録なのである。タイトルの出稼ぎという言葉から、てっきり、積雪期に雪のない都会に働きに出る話かと勘違いをしそうだが、あにはからんや。雪深い山中に籠もっての出稼ぎなのである。

その一冊に木材の搬出にまつわるこういったエピソードがある。

まだまだ、山では動力が使われず、人力で搬出が行われていた時代である。とくに冬季ともなれば橇が活躍していた時代のこと。雪深い長野の山奥の現場では野添さんのいた秋田の衆だけでは搬出が間に合っていなかった。そこで山元が富山の衆を同じ現場に派遣した。

そのグループが使っていた橇を野添さんは「まことに奇妙なものだった」と記している。ところが、その橇のほうが急斜面に強く、自分たちのものより効率がよい。そんなことで秋田の衆と富山の衆には険悪なムードが漂い、喧嘩にまでなってしまったという。

その奇妙な橇。どうやら、一本橇のようである。

『わたしの奥飛騨』（山と溪谷社、一九九一年）という一冊は故木下好枝さんという飛騨高山に

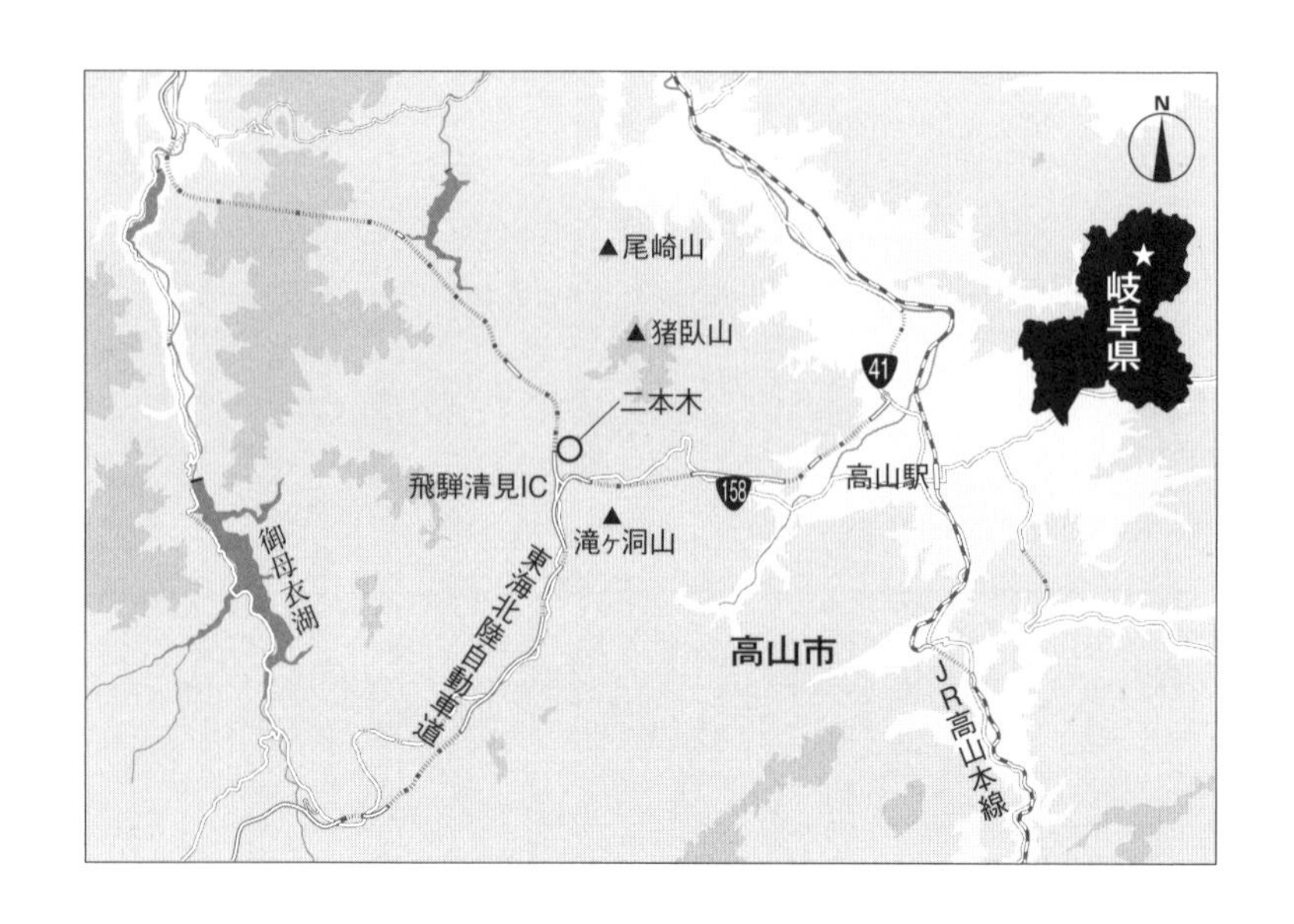

大矢さんが暮らすのは二本木。地名の由来となった大木の栃の木が見事であった

手橇を再現してくださった大矢義広さん。飛騨の地にその人生を打ち込んできた

暮らした写真家が、奥飛騨の旧神岡町山之村地区（現在の飛騨市）へ足繁く通いつめて撮影しきった稀有で見事な写真集である。

雪が降り積もる冬には、まさに隔絶孤立の環境となるその山村。その暮らしを丹念に追った写真集の中に、木材を運び出す橇が写されている。

滑走面からニョキッとV字形に棒が出て、その間にぎっしりと積まれているのは細めの材。男が一人、橇から横に出た棒二本を握りしめ、そして男女は不明だがもう一人が、その山となった材を後ろから渾身の力で押している。そして、何より目を引くのは、橇の滑走面。二本ではなく一本。すなわち一本橇なのである。

この仕事はぜひに見てみたい。そう思いながら、しかし実際に現在も使われることがあるのかどうかさえ、さっぱりわからない。それまでに東北での橇による雪上の搬出を撮影しようと何度か現場を探していたのだが、残念ながら見ることはかなわなかったのだ。東北の積雪地では、比較的広範に、「バチ橇」あるいは「バチ」と呼ばれる橇で木材の雪上搬出が行われたようだが、残念ながらその場面を見ることはできなかったのである。

というわけで、一本橇の搬出も見ることはできないのではないかな、と半分は思っていたのだ。しかし、偶然の縁というものがあるのである。

飛騨高山の木工集団として名高いオークヴィレッジを紹介するビデオに、何と一本橇が映っているではないか。しかも、このビデオのプロデューサーであった方はなんと僕の自宅近所に暮らしている人なのである。娘の入っていた子どもの劇団で親同士の繋がりがある一方、彼は親子登山の学校を主宰されていて、登山の世界でも関わりがある方なのだ。この縁を逃してはならない。映像自体は少々以前のものだが、この橇で木を運んでいた方はまだ現役ではなかろうかと推察、とにかく、その老人を探すことにしたのである。

撮影場所は岐阜県の清見村（現在は高山市の一部）だという。とはいえ連絡先は不明。そこで、映像にあった名前を頼りにウロウロとしたのが二〇〇六年の秋。そしてようやく、巡り合うことができたのが大矢義広さんであった。

ただ、残念だったのは、すでに三年ほど前に一本橇での搬出はやめたとのこと。しかし、「せっかくなので、見せてあげましょう」という嬉しい話となった。「雪が締まる三月になったら、もう一度来てください」とのこと。

なお、一般には一本橇という言葉が使われるが、大矢さんは「手橇(てぞり)」と呼んでいるのであった。

「俺が聞いとるにゃあ、(手橇は)このへんで始めたのではなくて、加賀のほうでいい材木を出す橇がある、ということを知り、我々の先祖が習ってくるか、買うかして、使い始めた」とのこと。そこで、「『手橇』を『加賀橇』とも言うんじゃ」と教えていただいた。

＊

さて、大矢さん。大正十五(一九二六)年三月の生まれ。生まれ育ちは旧清見村二本木である。歴史も好きな大矢さんによれば、この地に人が住み始めたのが九百年ほど前のこと。見事な栃の木が二本立っていたので二本木という地名になったらしい。その栃の木の一本は取材時にもしっかりとこの地に根を張り見下ろしていた。

さて、七歳のころ、開通したばかりの鉄道を高山まで見にゆき、肩車で眺めた大矢さん。将来は鉄道員になりたいと夢を描いたが、それは一瞬に砕かれた。「馬鹿者。農業に学問はいらない。明日からうちの手伝いだ」という父親の言葉。

上の学校への進学もならず、それから約七十年近く大矢さんは農林業で暮らしてきた。夏は農業。現在、田んぼも多い二本木地区だが、昭和四十年代半ばに土地改良が行われる以前は畑が多かったとのこと。稗を多く作っていた。大矢さんの兄妹は九人(そのうち二人が子どものころに亡くなられている)。長男は跡を継がなかったので、次男の義広さんがひたすら頑張った。何と

コンパクトに束ねられた一本橇。物置に収納しても場所をとらない

山仕事に使う諸道具。藁で編んだネコダは背負えるように工夫されている

滑走面にはブリキが貼られている。木が乗り荷重がかかるのでしっかり締める

番線と縄で手早く橇を組み上げてゆく。久しぶりの組み立てだが迷いはない

ほぼ組みあがった手橇。収納時の小ささに比べると、その大きさがわかる。手元側はかなり長い

いまは着ないと言いながら見せてくれたバンドリ。荷を背負う際に背中へのクッションになる。シナノキの樹皮製だ

バンドリを着て手橇を背負う。これで現場へ橇を運んだのだ。V字はほぼ直角。滑走面の幅広さがよくわかる

しても家族が一年食べられるように、と夏は精一杯農業に従事していた。

そして冬となれば林業が待っていた。大矢さんの父親が脳梗塞で亡くなられたのが、大矢さんが三十歳になるかならないかのころ。それまで、山に関わる仕事を父親から伝えられてきた大矢さんである。

さて、山に関わる仕事でも、大きな位置を占めていたのが炭焼きであった。おそらく何百年も二本木では炭焼きが行われていただろうと語る大矢さん。楢の黒炭を焼き続けた。焼けた炭は一俵三銭から四銭ほど。それを父親と二人で高山へ運んだ。

長橇という橇（二メートル半ほどの大きさという）に載せて雪道の上を運んだのである。四貫の角俵を二十俵。雪の上を運ぶこと五時間。運んだ炭はたちまち売れたらしい。「都会（高山）の人たちは、何でも炭だったから、さっさと売れた」とのこと。その炭焼きの材を集めるのに使われたのが、手橇であった。

「手橇なら急斜面でもサクサクと。そしてたくさん荷が積めて」と語る大矢さんである。

大矢さんが十八歳のころのこと。時代は戦中であった。当時は国有林からは、数人で連なるように大径木のブナやミズメを運び出す仕事にも就いていた。農山村の冬場のいい稼ぎであったという。直径は一メートル弱。長さは二メートル十五センチの丸太だから、かなりの重量である。軍用材として、飛行機のプロペラや骨組み、あるいは銃床などに使われたらしい。

列をつくるようにして、手橇で雪の斜面を運び出していったという。山から下ろし水平なところからは、ブナ引き橇という大きな橇で、トラックが着くところまで運んだそうだ。

なお、その当時、まだ手橇の作業に慣れない若者が、バランスを崩し事故となった。玉切りした大径ブナの荷重がかかり、橇の下方斜面に弾き飛ばされた若者。その上を、数百キロもあるようなブナがゴロゴロ転がっていったという。さぞかし大怪我だったのでは、と尋ねると「雪に埋もれた上を通過したので、なんともなかった」とのこと。これには驚いた。大矢さん自身には手橇での失敗はなかったそうだ。「運転の上手な者と下手な者があった」。そう思い返す大矢さんである。

戦後は復興のために建材の運び出しも行った。窯に火が入れば時間が空く。その間に、伐採搬出の仕事を行っていた。さらに昭和三十年代に炭焼きが廃れた後も、林業はずっと続けてきた大矢さんである。

また、二本木の人たちで組となり、山へ行って小屋を建てて、寝泊まりしながら働いたときもあった。かならず一冬に一回は猛吹雪となった。萱で隠しただけの簡易な山小屋である。朝目が覚めると、「真っ白にね、布団のようにふぶき込んでいた」という。寝ている人たちの上に二センチぐらいは雪が積もっていたという。わらじの上にイワブタという藁で編んだものをかぶせて、さらにハバキ（登山用スパッツのように、脚部を覆うもの。藁製から布製まであり。脚部を保護、保温した）で防寒を図った。

また、まだ国産のチェンソーがなかったころ、友人が手に入れた米国のマッカラー製チェンソーを手にしたことがあった（当時は、チェンソーそのものをマッカラーと呼ぶこともあった）。「はじめてやりよったら、調子よくやりよって」勢いあまって、ざっくりと足を切ってしまったという。いまなら救急車を呼ぶ事態だ。

しかし、そこは先輩方の伝える療法で対応した大矢さん。三種類以上の木の皮を噛む。それを切り口に貼る。そこに自分のおしっこを掛けて、手拭いでギャーっと縛る。そういった処置で医者には行かなかった。そして、仕事を休まず、家内にも話さず。あっという間に治ったというから驚きだ。傷跡は残ったそうだが「いまから振り返ると、昔のいい思い出や」とにこにこと話すのである。

昭和三十年代となり、プロパンガスが普及。急速に炭の需要がなくなり、炭焼きの仕事が終焉となった。そこで昭和四十年代から五十年代は架線での搬出作業にも従事していた大矢さん。とはいえ、架線での集材をする場所までは、「（木を）寄せてこなんとならんで」、やはり手橇が活躍した。伐採搬出した天然林はパルプ、あるいは家具材などになっていった。また、人工林への転換が奨励された時代でもある。大矢さんも杉や檜を植えていったのだ。そういった仕事が三年ぐらい前まではあったのだが、材価も安くなり、自然に山仕事がなくなったそうだ。

＊

さて、二〇〇七年三月もまだ始まったばかり。僕が訪れた日は、期せずして、ちょうど大矢さん八十一歳の誕生日であるという。

橇の手元側を雪面に寝かす。段差がないので、運ぶ材をスムーズに載せることができる

いよいよ、実際の作業を見せていただく時が訪れた。まず向かったのは自宅脇の物置である。そこに仕舞われていた一本橇は、きれいに束ねられていて、橇のイメージはまったく浮かばない。しかし、そのいくつかのパーツに分かれた部材を、番線と縄を用いてあっという間に組み上げてゆく大矢さん。組み上がると、なるほど見事な橇である。思っていたよりもずっと大きいサイズ。およそ一メートル六十センチぐらいだ。

素材はミズメで、三十年ほど前に大工さんに作ってもらったものだという。以前は、父親の橇を使っていたと語る大矢さん。それは長さ約二メートル、幅が三十五センチもあった。本当に重かったし体力も落ちてきたので、小さくて軽い橇を作ってもらったのだそうだ。

橇だけではなく、かつては仕事で着用してい

思いのほか締まりのない雪に苦戦する。右に左に小刻みに荷重をかけて、山を下る

たバンドリも見せていただいた。シナノキの樹皮を編んだものである。このバンドリは大矢さんの祖父が作ったものだとか。ほかにネコダという藁で編んだリュックサックのようなものも見せていただいた。

その橇を雪の積もる自宅裏手の山へと担ぎ上げた。

そして、あらかじめ玉切りしてあった赤松を積んでゆくのである。トビを使い、実に簡単に材をセットする。滑走面を下にして、四本のVの字に突き出た棒の間に赤松が挟まっている。その四本のうち、長いほうの一組を両手に握って、いざ出発。

ところが、この二〇〇七年は記録的な暖冬であった。積雪も少ない上に積もった雪がまったく締まっておらず、というより腐ったふにゃふにゃのまま。それゆえに、なかなか橇の滑走面が滑ってくれずに、雪に埋もれるのである。それでも、握った棒の末端を脇の下に挟んで、バランスをとりながらも、左右前後に力を入れて橇を滑らそうとする大矢さん。その悪戦苦闘ぶりは、ファインダーから覗いていても、スゴク伝わってくる。思わず応援したくなる気分になってしまった。

そんな悪条件下であっても、大矢さんに、何とか無事に材を運び終えていただいた。見事な仕事であった。三年の空白を空けての再現。実にありがたいことであった。それにしても、手橇はなんと素晴らしい道具であることか。前述の『出稼ぎ 少年伐採夫の記録』には、富山の衆の橇について、材の積み下ろしが一人でできることもその長所、といったことが記されている。なるほど、たしかに一人で簡単に材を載せ、そして下ろすことができるのである。

二本の棒を両手で握り、時には脇の下に挟んで力を込めバランスをとっての滑降。もう少し雪面がビシッと締まっていたならば、おそらくは右に左に、あるいは真下にと、バランスを整えながら運材が可能なことが伝わってくる。

後日、この橇の写真を見せたある人が即座に「これは、スノーボードだよね」と言った。たしかに一本の幅広い底面での滑走は、現代の視線から見ればスノーボードである。ならば、急斜面にも強いわけだと妙に納得をしてしまった。

＊

追記。

取材撮影からすでに八年後の二〇一五年。久しぶりに大矢さんを訪ねることができた。すでに九十歳を越えてはいるものの、このときはお元気な様子であった。家の前には、取材時にも見た、かんじきが置いてある。山に行くのですか?と尋ねたら、裏山で獣でも獲ろうと思って、とのこと。しかし、すぐ近くに東海北陸自動車道が走るようになって以来、獣は少なく、鳥もあまり来ないのだ、とちょっと残念そうに語る大矢さんであった。大矢さんとお会いしたのはそれが最後となった。それからまもなくして、大矢さんは亡くなられたとのこと。話をうかがったご自宅も、いまは無住で壊されるのを待っている、とうかがった。


（取材：二〇〇七年三月　『山の本』二〇一六年春号「山仕事」を加筆・改稿）

漆掻き ―うるしかき―

手仕事から生まれる品質があってこそ、いま再び光があたりつつあるジャパン

岡本嘉明（京都府福知山市）

山仕事の写真を撮りはじめて、気が付けばすでに三十年をはるかに超えている。地元の熟練の炭焼き職人との出会いがきっかけとなり、最初の十年は、ほぼ炭焼きさんばかり全国に追いかけていた。その後、山仕事への興味は徐々に広がっていった。

様々な山の仕事のなかで、気になった一つが漆掻きであった。

炭焼きさん以外の山仕事を写しはじめてまだ間もないころであったと思う。おそらく雑誌の記事で「ジャパン」が日本を意味するのと同時に、漆・漆器のことを指すと知り、日本の山を知るなら漆の仕事も知らなければ、とその思いは一層強くなったのである。

そして、岩手県の東北部、もう青森県も目と鼻の先という浄法寺という地域がそのメッカであり、漆を植え後継者を育てているといった情報を得たのは、はたしてラジオであったか雑誌あるいは新聞であったか。ともかく、まだインターネットに頼ることの少ない時代であった。

漆掻きの仕事を物語る傷。四日に一回の漆掻きの溝は黒い痕跡となり樹幹に残ってゆく

「やくの木と漆の館」付近、眼下には夜久野の風景。ここが漆を伝えてきた土地

大油子付近の谷戸。奥深くまで田があり、脇に漆の木を多く見る

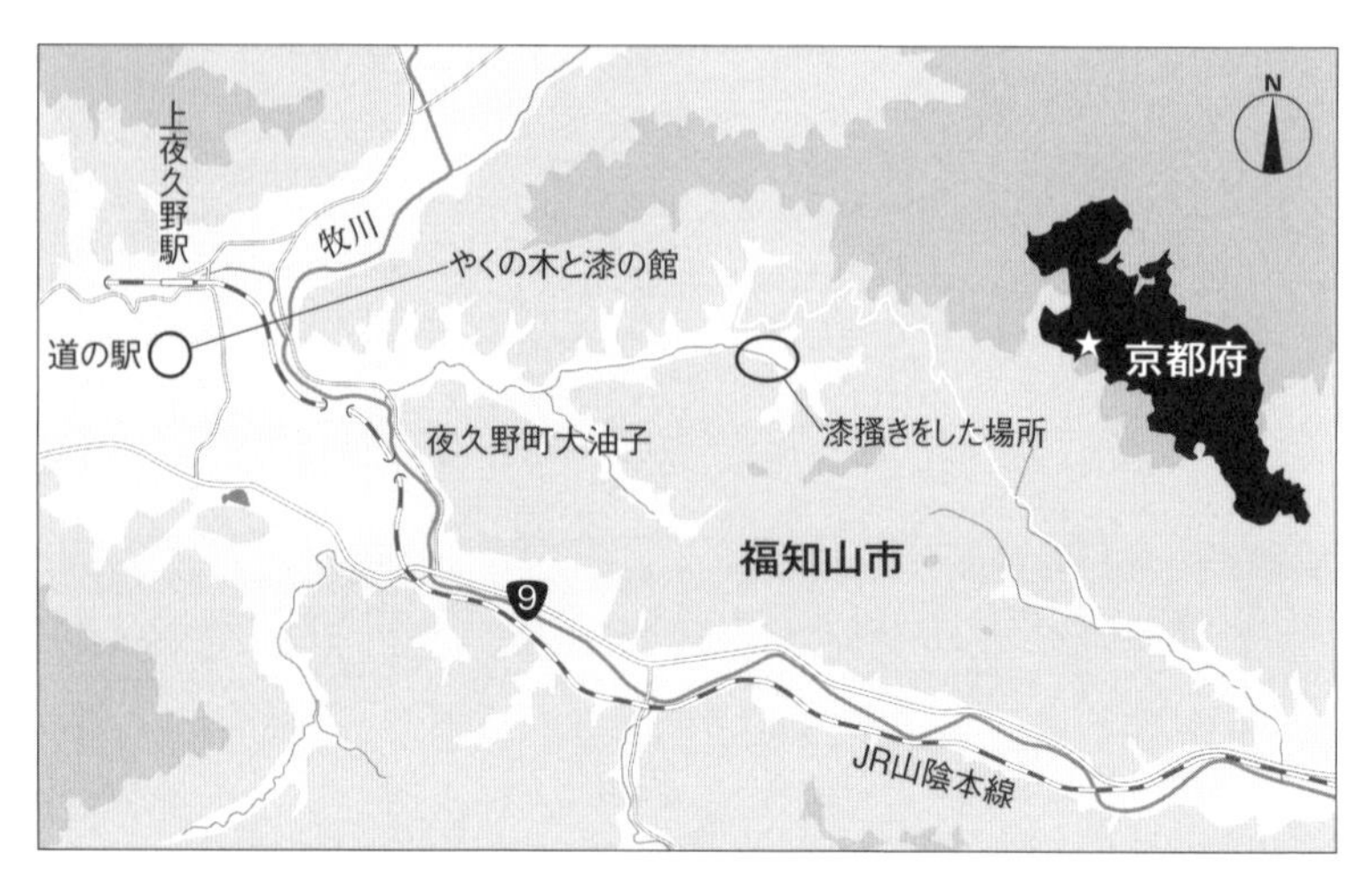

連絡先を探し出し、とにもかくにも現場にうかがい撮影をするまでこぎつけた。

浄法寺では里から遠くない丘陵地に、漆の木がまとまって植林されていた。いままで、漆の木はとくに植林されてきたものではなかったが、漆の衰退に歯止めをかけるべく、この地では植林が始まっていたのである。その樹皮にさっと傷をつけると、じわりと樹液が湧く。その樹液をヘラで掻いて集めてゆく。何本も何本も漆を掻いてゆく。

その撮影の途中で、不意に「舐めてみなさい」と言われた。掻いたばかりのその樹液を、舐めてみろと言われたのである。漆の樹液である。口はおろか、顔面あるいは内臓まで赤く醜くかぶれるのではないか、と恐怖があったが、無理を言って撮影をさせていただく身である。はい、と半ば観念をして、その樹液を舌に載せた。

甘いのである。爽やかに甘いのである。

これには驚いた。もちろん、舌も内臓もかぶれるようなことはなかった。

その後、漆を精製する工程などを見せていただき、充実した撮影となったが。後日談がある。甘美であった思い出は苦いしこりとなり、僕はその写真を封印することにしたのである。

浄法寺から帰宅後しばらくしてから、請求書が送られてきた。内訳は取材に協力した費用であったか。たしかに、仕事の時間の一部を割いていただいたのだが、撮影時、あるいはその前にも聞かされていなかった。いや、おそらくは、慣れぬ東北の言葉を聞き間違えてしまったのだろう。そこに示された金額は、僕には少々大き過ぎた。

地方の方との交流で、最も面白く奥が深いのは言葉の違いである。が、どうやらその言葉の壁が、思いもよらぬ事態を引き起こしたようだ。

結局、このすれ違いの落としどころは、お金を払わぬかわりに、写真を使わない、ということであった。

＊

そういう出来事はあったものの、やはりどこかでもう一度漆掻きを撮影しておきたいと思っていた。とはいえ、さてどこで漆掻きが続いているのであろうか？　これは大きな問題であった。かつては全国で行われていたという漆掻きだが、やはり出会えないままであった。

一度だけ、長野県北部にある信州百名山にも数えられている虫倉（むしくら）山から下山した折に集落の中の漆に漆掻きの筋状の痕跡があることに気が付いたのだが、しかし、そのときは別件の取材途中であり、その後やはり漆掻きさんに出会うこともなかった。

漆掻きさんとの出会いがなかったのを裏付ける数字もある。日本での漆液の最大生産量は昭和十三（一九三八）年の五十トンとのこと。それが、平成の初めのころには五トンほどと十分の一に縮小していたのである。漆器が安価なプラスチック製品に置き換わり、また輸入割合も大幅に増えていったのである。

ちなみに平成二十六（二〇一四）年でも漆の国内消費量のなんと九八パーセント以上が、中国をはじめとする外国からの輸入であったようだ。実際、記録が残るところでも江戸時代の慶安三（一六五〇）年より漆は輸入されており、戦前の昭和十一（一九三六）年には軍需もあり二千九十四トンもの漆が輸入されていたという。つまり漆の輸入は歴史あるものなのだが、ジャパンがジャパン以外の国の製品に頼る実状がより顕著になってしまったのも、ある意味、何でも海外に頼みたがる日本らしいともいえるだろうか。

なお、文化庁は平成二十七（二〇一五）年に、国宝や重要文化財を国の補助事業で行う場合、国産の漆を使うようにという通達を出している。その影響で、近年は漆の生産量は再び増産に向かっているようだ。とはいえ、一般に漆掻きが可能となるのは十五年育ってからとされている（最近ではもっと早い年数で漆を掻く研究も進められているようだが）。

さらに当然のことながら、漆を掻く職人さんも激減してしまったのである。

＊

そういった状況のなか、壊滅を逃れた数少ない漆産地の一つが京都府の福知山市夜久野にあるということを知ったのは、インターネットからであった。

連絡をとり撮影させていただくことになった。平成二十一（二〇〇九）年の八月も終わりのころである。

前日までの仕事が長引き、真夜中の出発。愛車のドミンゴ号で高速を西へ西へと飛ばしてゆく。現在は名神高速の京都付近からさらに高速道路が延びているが、当時は京都で高速道路を降りてからの下道が長かった。そして、約束の地に到着したのは、すでに朝。

すっと手を動かし漆鉋で樹皮に溝を刻む岡本さん。刻んだばかりの溝は白色。樹液が滲む

京都府でも西端付近で、すぐ隣は兵庫県。中国山地の東端部の中山間地、標高三〇〇メートル前後の山々のうねりの中に暮らしがあり、水田が広がる地域である。

待ち合わせ場所は「道の駅　農匠の郷やくの」。ここで、漆掻きを撮らせてくださる岡本嘉明さんと合流した。働き盛り後半といったところだろうか。温厚そうな方である。挨拶もそこそこに、さっそく、現場へと出発した。

向かったのは大油子（おゆご）という地区。丘陵に食い込んでいる谷戸田に沿って車で進んでゆく。周囲は穏やかな丘陵のような山に囲まれており、セミたちの大合唱が響き渡ってくる。

その山の際に、漆が何本も生えているのだ。なかには、胸高直径が二十センチを大きく超えるような、ちょっとした大木にまで育った漆もある。漆のうちの何本かには、すでに丸太や竹を利用して、ガッチリと作業用の足場が組まれている。また、ほんの少しだけ作業する高さを稼ぐ、まるで踏み台がわりのような低い足場がついた漆もある。そして、太い漆の樹幹にも細い漆の樹幹にも、すでに漆を掻いた跡が幾本もしっかり刻まれているのだ。

さっそく岡本さんの仕事を撮影させていただく。まず、すでに付けられている傷の付近。そこを丹波鎌（がま）と呼ばれる道具を使って、粗皮を削ってゆく。粗皮を削ることで、次の工程に入りやすくなる。次に使う道具が鉋（かんな）である。鉋といってももちろん大工さんのものとは姿形もまったく違う、漆掻きにだけ用いられる専用の道具「漆鉋（うるしかんな）」である。

大工さんの鉋は長方形だが、漆鉋はドライバーや錐（きり）、あるいは彫刻刀のようなスタイルである。

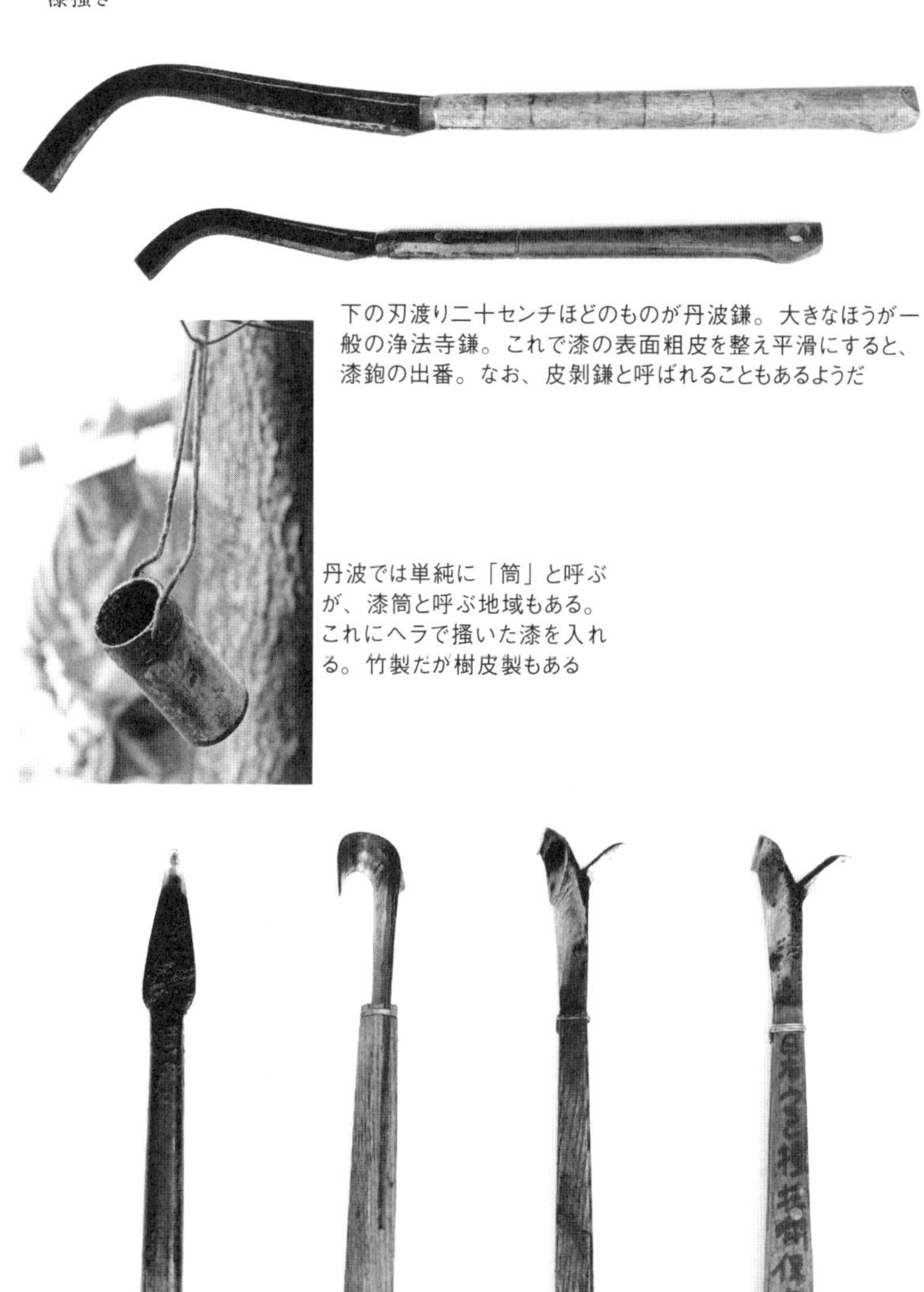

下の刃渡り二十センチほどのものが丹波鎌。大きなほうが一般の浄法寺鎌。これで漆の表面粗皮を整え平滑にすると、漆鉋の出番。なお、皮剝鎌と呼ばれることもあるようだ

丹波では単純に「筒」と呼ぶが、漆筒と呼ぶ地域もある。これにヘラで掻いた漆を入れる。竹製だが樹皮製もある

左よりヘラ・エグリ・漆鉋（二本）。ヘラは漆樹液をさらい採る。エグリは止め掻きなどに用いる。漆鉋は掻き溝を削りさらに尖ったアイ（または目さし）で深い傷を入れる

手の握りの先に金属の棒が伸びるところまでは、そういった道具のようだが、その先端部はY字のように分かれ、さらにぐるりとカーブを描く先端には刃がついており、木の幹に半円の断面となる溝を刻むことができる。さらに、もう一方の尖ったアイという部分で深い傷を刻み込む。

その漆鉋で軽快な音を立てながら、すでに刻まれた溝と平行になるようにして、樹幹にすっと新しい溝を刻み、さらに素早くアイで傷を入れてゆく岡本さん。

すると、その新しく刻まれた傷からは透明な樹液が、じんわりじんわりと滲み出してくるのだ。

この染み出し量は季節によって変化するという。撮影を行った八月の末は、まだまだ樹液が多い

滲み出る漆は、とてもわずかなものである。ヘラですくって漆筒に入れてを繰り返しても、ほんの少ししか溜まらない貴重なものなのだ

漆にはウルシオールという樹脂成分が含まれる。生漆からはじまり、精製漆や色漆に加工される。写真は、この丹波の漆で塗った器。左は拭き漆という手法で塗ったもの

時期である。とはいえ、つけた傷から滲み出す樹液はほんのわずかな量である。その一滴になるかならぬかの樹液を、手際よくシュシュシュッとヘラですくってゆく。そして、竹で作られた漆筒に溜めてゆく。

この作業の繰り返し。一本の漆の木が終わったら、次の漆の木に移り、無駄なく手早く繰り返して作業をすすめてゆく岡本さんなのである。

こうして手間をかけ、日数をかけ、それでも集まる樹液の量は一本の木から牛乳瓶一本分程度といったところだろうか。これは根気のいる仕事だ、と実感できる作業なのである。

なお、足場を組み、初鎌をむかえるのは六月上旬のこと。それから四日に一回のペースで同じ木に傷をつけて漆を掻き集める。七月から八月は盛り漆と呼び、多くの樹液が採れるという。そして、九月下旬には、止め掻きとなる。樹幹のそれまで傷のついていなかったところに、さらに傷をつける。こうして最後の樹液を絞り出す。最後は「掻き殺し」という言葉どおりに、漆を掻いた木を伐採してしまうのだ。

ただし、その切り株からは蘖(ひこばえ)が生え、十年以上たてば再び立派な漆に育つのだという。

短い時間ながらも現場での仕事を一通り撮影させていただいて、道の駅に帰還した。そして隣接する施設の一つ「やくの木と漆の館」で話をうかがった。

ここは旧夜久野町時代の平成十二（二〇〇〇）年に開館した施設である。漆掻きの貴重な資料を取り揃える一方で、漆塗りなどのワークショップなどを通じて漆文化を後世に伝える普及活動にも熱心な施設である。道の駅を整備した際のコンサルタント業者が、この地を特徴づける漆に目をつけ、開館に至ったようだ。

＊

旧夜久野町は千三百年昔より「丹波漆」の産地として知られていた。

明治時代にあっても、五百人ほどの漆掻きさんがいたという漆の伝統ある土地である。しかし、明治以降は養蚕の普及などもあり、その数が激減していったそうだ。しかし、その逆風のなかでも、漆にしっかり取り組んだ人がいたのである。衣川光治さん（一九一一～一九九三年）だ。

戦後、漆掻きとしてこの地の漆＝丹波漆の継承と復興に取り組んできたという衣川さん。一九四八年に「丹波漆生産組合」を立ち上げ孤軍奮闘。その伝統をしっかり守り続けたばかりではなく、研究熱心であり、丹波漆をしっかりと記録してきた。いまも国立国会図書館の蔵書目録に、『丹波漆』という書名を見つけることができる。一九五九年の発行。三冊合綴で一冊となっているようだ。そしてその出版社には衣川光治と記されている。おそらく衣川さんが個人で出版されたのであろう。そういった努力が実り、一九九一年には、「丹波の漆かき」が京都府無形民俗文化財に指定されるに至ったのである。

漆掻きさんが多数いた時代でも、その仕事を「文章で残していることが衣川さんの功績」と語るのが「やくの木と漆の館」の館長（当時）でもある高橋治子さん。多くの漆掻きさんを訪ねた研究者からも「漆掻きさんのなかでは、唯一のインテリっぽい漆掻きさんであった」と言われて

丹波漆の功績者、衣川光治さん。技術を体現するばかりかしっかり文章などに記録した、その業績がいま見直される。「やくの木と漆の館」に展示

「やくの木と漆の館」(旧夜久野町にある)には、丹波漆に関する資料が多数展示される。衣川さんの漆搔き道具なども残されている

いたそうだ。この「やくの木と漆の館」には、衣川さんが使用してきた漆搔きの道具が寄贈され、展示されているのである。

なお、衣川さんの家業は布団屋であり、そこは奥さんが切り盛りをされていたとか。一方で衣川さんは役場にも勤めていたとのこと。多忙ななかであっても、漆の技術継承に心血を注いだ人生だったのであろう。

こうした底流があり、昭和六十一(一九八六)年には地元林研グループ(各地にある自主的な林業研究サークル)が、漆をとりあげたそうだ。さらに昭和六十三(一九八八)年に「丹波漆シンポジウム」が開催されている。東京藝術大学の先生なども招聘し、これで丹波漆の知名度は上がったという。しかし、その後は漆生産組合活動もほそぼそと続くだけで、活発な後継活動・普及活動には至らなかったそうだ。

その活動に途中から加わったのが岡本さんであった。

岡本さん、昭和二十（一九四五）年夜久野の生まれであり、養鶏業を営んでいる。もともと農家であり、漆との関係はなかったとのこと。しかし、衣川さんが亡くなる二年ほど前（一九九一年ごろ）から衣川さんの家に集まって、生産組合として勉強を開始。それ以来、衣川さんの意思を継がんと、丹波漆にのめりこんでいった岡本さんである。そして、漆の生産組合を再度立ち上げ新体制をつくったのが、木と漆の館の完成から二年を経た平成十四（二〇〇二）年のことであった。

以降、まずは丹波漆を知ってもらおうと、地道に活動を続けた岡本さん。平成十八(二〇〇六)年に「森の名手・名人100人」にも選定されている。

＊

取材後の二〇一二年にはＮＰＯ法人丹波漆を設立し、岡本さんは理事長としてさらに大活躍を続けてきた。植栽から漆掻きまで伝統を引き継ぎながら、次世代の後継者も育ててきた。

かぶれるから、と嫌われることもあった漆の植栽も、多くの人が興味関心を示すことで、前進させることができた。さらにボランティアとして関わる人も増えてきた。そして何より嬉しいことに、若い漆掻きさんが育ってきているという。そして二〇二一年。大役を果たした岡本さんは、ＮＰＯ法人理事長から相談役に身を引いた。後任は高橋治子さんである。

消える可能性もあった丹波漆。しかし、かつての衣川さんが築いた土台があり、そこに岡本さんをはじめとする新たな息吹が加わったのである。まさに再興へ順調な道のりに見える。全国的にも再び国産漆に光があたる状況になってもいる。丹波漆はその一役を担っているのだ。

（取材：二〇〇九年八月　『山の本』二〇一七年夏号「山仕事」を加筆・改稿）

十年生から十五年生の漆となれば漆を掻けるようになる。谷戸田に面した斜面で、やぐらを組んでの漆掻きをする岡本さん

＊参考文献『漆の本』永瀬喜助著（研成社、二〇〇〇年）

筏流送の名残を訪ねて

木材の運搬において水の果たした役割は大きかった。

山間の渓流部では、谷を塞いで一時的な堰を造り、そこに溜まった水とともに丸太を一気に流す鉄砲堰を利用することがあった。地域によっては鉄砲堰ではなく、いくつかの堰を利用して、下流に材を送る堰流しもあったようだ。

また、ある程度の水量があれば、川に流してゆく管（くだ）流しや木流しが行われていた。一本の木に乗り、自在に川を流れ下る。流れる木から木へ乗り移る。まるで曲芸のようなことが、普通に行われていたというのである。もちろん、現在はどこでも行われていないが、その技術を惜しみ、徳島県の那賀川上流の旧木頭村では「木頭杉一本乗り大会」というイベントが続けられている。東京は木場に伝えられる芸能「角乗（かくのり）」も筏を組む余芸から生まれたようである。

そして、木材の水運＝流送で最もよく知られているのが、筏を組んでの筏流しではなかろうか。しかし、その筏流しも昭和三十年代までの話である。おそらくは昭和三十九（一九六四）年十一月二十八日の米代川での流送が最後ではなかったか。現在、和歌山県北山村で観光客を乗せての筏下りが行われているが、もちろん本来の目的であった木材搬出は行われていない。

このように、おそらくは江戸時代以前より行われていた水力を利用した流送だが、架線の普及、森林鉄道（これも消えてしまったが）やトラック等の陸上搬出が一般化し、そして追い打ちをかけるようにダム建設などによる流れの断絶があり、ほぼ完全に全国から姿を消しているのである。

＊

早春の柔らかな日差し揺らめく川面を、長々と棚を連ねた筏が、ゆるやかな曲線を描き、滑

本来は二人で川を下るという。筏に積んだ自転車は帰りの交通手段として使っていた

かつて筏に乗っていた上田勝義さん。話は柿畑でうかがった。小田川の復活筏の流れるすぐ近くに、お住まいであった

るように下ってゆく。愛媛県最大の河川である肱川。その支流である小田川で毎年四月末に行われる筏流し復活イベントのひとこまである。

肱川の支流数は四百七十四あり、全国五位に数えられる。毛細血管のように支流が広がり、流域面積も大きい。河口の町、長浜は、かつて熊野川河口の新宮（和歌山県）、米代川河口の能代（秋田県）とともに、日本三大木材集散地に数えられていたという。無論、かつては筏による流送が行われていた。しかし、昭和二十八（一九五三）年を最後にこの流域での筏は姿を消している。

それからちょうど四十年という平成五（一九九三）年。小田川に沿った内子町川登地区の「川登筏流し保存会」により、約一キロの筏流しが復活した。川登地区は筏師の協業組合である「連中」のあった地域である。復活の筏には往年の筏師が乗り込み、蓑笠姿で技を披露。以来、毎年の恒例行事となった筏下りである。また、平成十二（二〇〇〇）年には「小田川と筏流しの里資料館」を設けるに至っている。ただ、令和二（二〇二〇）年、三（二〇二一）年はコロナのために筏流しが中止となってしまったのだ。

＊

さて、僕がその小田川の畔に立ったのは、平成十六（二〇〇四）年のこと。小田川は想像していたより、ずっと水量の少ない川であった。実際、筏流送が行われた時代でも、小田川の筏は流れに対応した小さいもので、下流では二連の筏を横に連結して流送したようだ。

さて、イベントということで、川沿いはなかなかの人出でにぎやかなものであった。

流れの上方にレンズを向ける。そこに筏師が操る筏がぬっと現れる。いちばん目立つのは当然ながら先頭の職人さん。竿をさして、筏を操ってゆく。てっきり熟練の筏師が操っているのだと思い込んでシャッターを切った。

ところが、それは僕の思い込みであった。

ハナ（先頭の筏）を操るのは、三分役（一人前の三分の一）の駆け出し。岩に筏をぶつけなければ、それで役目が果たせる。一方、後ろに乗る筏師は、幾連にも組んだ筏が岩と擦れないように、前の棚へ後ろの棚へと行き来する、熟練の技が要求されるという（復活した筏には、各棚にそれぞれ筏師が乗っていたが、かつてはたった二人で筏を操っていたようだ）。

穏やかな声でこう語ってくれたのは、かつての筏師、上田勝義さん。

大正三（一九一四）年、川登生まれの上田さんが筏師となったのは十七歳のときだそうだ。当時、川登では三十人ほどの筏師がいた。三分役ではじまった仕事は、二年半で一人役、すなわち一人前になった。これは早い出世であった。しかし、この地域の筏も戦後すぐに終焉を迎え、上田さんも川から山へ、仕事の場を変えたそうである。

＊

全国から筏が消えて数十年。いまや水力を利用した木材搬出は幻の技術である。近年、奥秩父で鉄砲堰復活イベントがあったと聞く。こうした技は、はたして継承されるのだろうか。

（『自然と人間』二〇〇六年五月号「リレーエッセイ」を加筆・改稿）

木馬曳き

——きんまひき——

一人の人間が人力でトン単位の木を運ぶ。木馬は命を張った運材仕事の中核

橋本岩松（徳島県美波町）

木を運ぶ。

かつて、木材ほど活躍の多い素材は皆無であった。住宅の骨組みから内装に至るまで、大型家具から日用品に至るまでの道具類一切合切、さらには調理でも暖房でも木材がエネルギー源であった。

だれもがどこかで必要としたものであった木材だが、一方でその移動は決して楽なものではなかった。運材は決して派手な仕事ではない。しかし、人々の生活の根底を支える重要かつ大変な労働であったのだ。動力のない時代、人々は体力と智力をもって、その労働に真正面から向かっていたのである。

その大事な役割を担った道具の一つが木馬である。

読み方は「キンマ」である。「モクバ」ではない。橇（そり）と呼ばれることもあるように、まさにそ

の形態は荷を運ぶ橇である。二本の木を平行に並べて滑走面にする。そこを底面として、何本かの木を渡して荷台とする。あとは材などの荷が落ちぬように、両端に棒などを立てておく。

そして、言うまでもないことだが、木馬の動力を担うのは、人力である。重力の助けもそれなりにあるのだが、人力の担うところがほとんどである。人間が引っ張るための梶棒がニョッキリ前に出ている木馬もあり、また片方の肩に掛けた縄やベルトで木馬を引っ張る場合もある。とにかく人力で、全身全霊を傾けて木馬を曳く。一つの木馬にトン単位の木材が載ることもあったという。その驚くほど重い木馬を、荷崩れさせず暴走もさせずに、目的地まで曳き切るのである。

その木馬を曳くのは雪上ではない。木馬道あるいは地面の上を曳くのである。全身全霊の力を振り絞り、木馬道を曳いてきたのである。

ところで。ここにあっさり木馬道と書いてしまったが、それがどういう道かを知る人も、数少

高知県東洋町の谷筋。長い木馬道。木馬の準備をするのは川崎次男さん。渾身の力を絞り木馬を曳いてゆく

約三十五年前、はじめて見た木馬道。焦げたように黒くなっていた。木馬を曳いた跡が印象に強い

ないのではなかろうか。それはまさに木馬を曳くための道のことなのだ。橇を効率よく動かすために、横にした材を枕木のように、おおよそ一定の間隔で並べていった道である。遠目にはまるで鉄道線路のようにも見えるのだが、線路と違い主役は横に渡した木である。時には油を塗って滑りをよくするといった工夫もされている。また、谷を渡るところや急崖をトラバースする際には、木を曳きやすいように、しばしば空中に架かる桟道となっているのである。

かつての山岳書やガイドブックにも時折、木馬道が登場していた。たとえば、ハンス・シュトルテ著の『丹沢夜話』には、氏の率いる高校生が夜間登山の際に、木馬道を歩く場面が記されている。闇の中、生徒たちとともにおっかなびっくり木馬道を歩く。翌日、明るいときに見たらそれは空中に架けられた橋だったか桟道であったかという、なんとも肝を冷やすような一節。しかし、木馬道の実際をイメージできないと、その本当の恐ろしさはある程度までしか伝わってこない。

＊

さて、木馬での仕事をはじめて見たのは一九八〇年代の終わり。僕が山仕事の写真を撮影するきっかけになった、地元、神奈川県旧藤野町（現相模原市緑区）の炭焼き職人である石井高明さんの仕事であった。

木馬の長さは六尺（およそ百八十センチ）。石井さんの身長よりも、二十センチ以上は長いものである。それを背負って窯から延びる道を登る。距離としては五十メートルあるかないかという程度だ。斜面上で伐採した炭材をそこに集めて積み込む。そして、ある程度のボリュームとなったところで、梶となる棒を握って、窯に向かってスピーディーに曳いてゆくのである。その道。いわゆる木馬道ではなく、簡易な山道なのだが、路面には細い枝のような木を枕木のように、つまり進行方向に対して横向きに適度な間隔で並べてあるのである。これで、何もない地面を滑らすよりもはるかにうまく滑るのである。そして、時にはさらに滑りがよくなるようにと、そこに水を撒いてから、木馬を曳くのであった。

木馬を曳く石井高明さん。走るかのように炭材を運んでいた

カーブでの木馬のコントロール。安全を図り、力と勢い、タイミングで回る。橋本岩松さん

木馬に積載されるのは、択伐された広葉樹だ。ブレーキ用のワイヤーも見える

石井さんは、エンジンのついた小さな運搬車も持ってはいたが「傾斜が合えば、こっちのほうが楽」と、木馬を曳いたのである。なお、石井さんは木馬ではなく橇と呼んでいたと記憶する。

その後、伊豆の炭焼きさんでも木馬を使っているところを見たが、圧巻は、高知県東洋町の川崎次男さんであった。

炭を焼くための原木を伐採搬出してきた川崎さん。一部、桟道のあるような木馬道の長さは、おそらく四百あるいは五百メートルは延びていたのではなかろうか。斜面の中ほどで伐採した材を、これも珍しい「かたげうま」という道具で運び集め、その肩に担いだまま谷間に向かって投げ落とす。そして投げ落とした材をさらに集めながら少しばかり傾斜の穏やかな谷底まで落とし切るのである。そこが木馬道の終点になっていたのだ。

そこで、木馬に材を積む。そしておそらくは数百キロの材を載せた木馬を、力を振り絞って自動車がやってくる道の脇まで運び出すのは、一日がとっぷりと暮れる時間であった。それがおよそ四半世紀ほど以前のことであった。

一方、しっかりと作られた木馬道をはじめて見たのは、三十五年ほど前のことであった。場所は群馬県の鳴神山。スミレで名高いこの山へハイキングに行ったのだが、その登山口付近に、見事な木馬道が設けられていた。その道は登山口近くの植林の中に延びていたのだが、あいにく、そこに働く人の気配はなかった。

その後、木馬道を見たのが二十年ほど前。たまたま出かけた埼玉県飯能の、これも民家の近くに美しい木馬道があった。しかしその周囲にはどなたもおらず、暮れかけた夕刻であり、写真も撮らなかった。そのことを後悔しているのだが、それ以降、木馬道も木馬での搬出も見ることはなかったのである。

ただし、ある方の本で、紀州備長炭の炭焼きさんで、木馬を曳かれる方の写真を見たことはあった。しかし、しっかりと取材されてまとめられた一冊の後追いをするのは、何となく気が引けるということもあり、敬遠してしまったのである。

さて、木馬が姿を消してしまったのは、効率が悪いということもあったかもしれないが、体力勝負であること、そして命に関わる危険な労働、ということが大きいのではなかろうか。一人の人間が人力でトン単位の荷を運ぶ。木馬に轢かれ、挟まれ、あるいは一緒に谷間へ落下。こうして多くの人が怪我を負い、命を失ってきたという。木馬は山仕事の中核であり、命を張った凄まじい重労働でもあった。

それだけに、架線による搬出の一般化、あるいはデルピス号やリョウシン号といった林内作業車の普及、そして林道や作業道の伸延にともない、木馬の姿は全国津々浦々どこでもかしこでも急激に消えていったのである。

＊

というわけで、近年は体力と危険の結晶でもある木馬と巡り合うことは、もはやなかろうと思っていた。

ところが。林業関連の取材仕事で出向いた徳島県南部で、かの地の林業を担当する県職員から、いまでも木馬を曳く人がいる、という話を聞いたのである。

二〇一二年のことであった。その際は、体調がすこぶる悪く、また飛行機の予約もあり、それ以上の話を尋ねることはできなかったのだが、帰宅後、再度その情報を確認。なんとか間に入っていただき、再訪することとなった。

徳島県南部の旧日和佐町。現在は合併して美波町という。その名のとおり紀伊水道に面した明るく暖かな町。小さな港を抱える町の中心部から見上げた海沿いの小さな山には日和佐城というちょっとした城が見える。ただし、ここは遺構等もよくわかっていない城であり、現在あるのは模擬的な天守閣。山頂に建てられた観光目的のための建物であり、その山頂まで立派な車道が続いている。この模擬天守がそびえ、海から見上げる小さな山こそが、その木馬仕事の現場なのであった。

その概観。いかにも樫類の多い照葉樹の山である。いかにもこの地域らしい山と言えようか。この地域らしい、という理由はいくつかあるのだが、注目したいのは、樵木(こりき)林業という伝統的な林業である。四百年近い歴史を持つこの林業。薪炭、あるいはパルプのために、広葉樹の低木林を、択伐施業をするというものである。おそらく、以前撮影した川崎さんの暮らしていた東洋町も紀伊水道に面し、徳島県に隣接していた、と考えると、川崎さんの手法も、この樵木林業と同じなのだろう（なお、かつての樵木林業は、斜面に下方から直上するサデとサデから魚の骨状に

梶棒を握る橋本岩松さん。照葉樹の森で、こつこつと木馬を曳いてきた

斜め上方に伸びるヤリという皆伐地が設けられ、択伐した木を落としやすくしていたようだ。川崎さんが木馬出発点の谷に向かって木を落としていたのが、サデだったかもしれない。これはこの稿をおこしている現在、ようやっと思い至ったのだ)。

もっとも、この伝統的な樵木林業とて、ほぼ継承者はいないのが現状のようだ。炭焼きが廃れ、パルプ材の売り上げも芳しくはないという状況が続いているからである。

＊

さて、話を戻そう。県職員の方から紹介していただいたのが、本稿で主人公たる橋本岩松さんである。笑顔の似合う痩身の方だが、なんと昭和二（一九二七）年の生まれであるという。農家の生まれだが、長男ではないので、跡は継がなかった。かつては炭焼きをしていたそうだ

伝統的樵木林業が生んできた広葉樹林の山。深さを感じるが、海の近くでもある

日和佐の港の直上。日和佐城を頂とする山。橋本さんの現場である。しかし一歩踏み込めば高湿で温暖な樹林だ

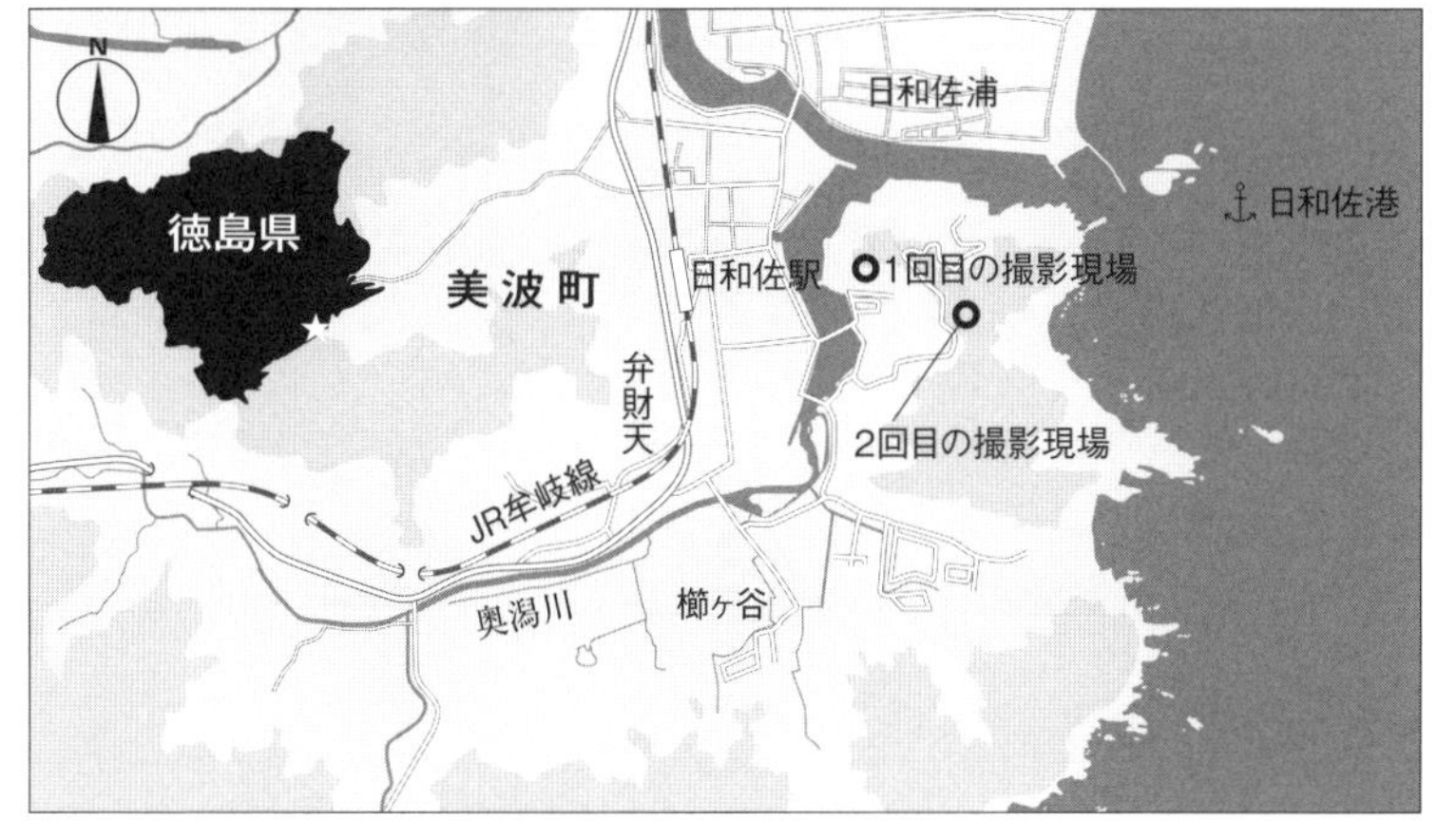

が、それよりも、郵便配達をしていた時期のほうがよほど長かったという。その方が、いままさに一人でこつこつと木馬を曳いているのであった。

この日、橋本さんが仕事をしていたのは、海の際と言ってもよい潮風も薫ろうかという樹林である。海際の民家の真横、駐車場という場所から、おそらく、山に登るのに昔から使われていた道をたどった山腹である。カーブがほとんどなく、傾斜も穏やかな道である。その道を登った途中が木馬を曳く起点である。ここから登りはじめの、民家駐車場まで、木を運んでは下ろすのである。

材を積み終えた木馬からは梶棒とするために長い材を一本だけ前に伸ばしている、それを曳くよりは、肩から掛けた少々古くなっているバンドに力を込めて体中の力を使って曳いているようだ。木を曳くのは既存の山道。木馬道ではないが、傾斜は適度で、これなら重力のおかげで木馬自体もするすると滑りやすそうな気配である。その重力が下に向かう力に加えて、何よりも橋本さんの力で、木馬を前進させる。その梶とした棒には、ワイヤーを絡ませて、急に走りださないためのブレーキにしている。

その仕事ぶりが手に汗握る、というよりなんとも穏やかに見えるのは、木馬に載せる木材の量が、それほど多くはないことにも起因する。それは橋本さんがご高齢なことにもよるだろう。川崎さんが運んでいたのは、本人いわく四百キロ以上であったが、それよりはぐんと少ない様子だ。とはいえ、橋本さんが運ぶ量も、推量ではあるがおそらく一回で二百五十キロ程度にはなるので

木馬を肩に伐採の現場に登り返す。それほどの距離ではないが、肩に食いこむ重さだ

はなかろうか。あるいは三百キロぐらいはあるかもしれない。決してたやすい仕事ではなく、熟達された技と体力がそれほどの重量感を醸さないのかもしれない。

こうして一回の材を運び終えると、再び肩に木馬を背負って、山を登り返す橋本さん。最後には、木馬で運び終えた材を、木を置く土場までネコ（一輪車）で運ぶのであった。つまり山では一切の原動機を使わないスタイルを貫いているのである。

ところで、実はこの撮影には、県の職員の方々も同行していたのである。地元でありながら木馬での仕事を見たことがないということでの同行。それも数名。小さな山の中でこの人数となると、撮影は思いどおりにいかないものである。紹介いただけただけでも御の字なので、仕方がないのだが……。

＊

というわけで、神奈川に帰宅して数カ月の後。再び日和佐にお邪魔させていただいた。現場は再び同じ日和佐城の山である。ただし、前回の場所は伐採と運材を終えており、今回の現場は、もう少し標高が高い場所であった。ここで、再びその仕事を撮影させてもらったのである。

その日も柔らかな潮風が森をゆったり吹きぬける、なんとも穏やかな日であった。日和佐城へと向かう舗装路からその樹林に分け入る道があった。その奥で、手ノコでゴシゴシと木を伐ってゆく橋本さん。すべての木を伐るのではなく、狙いを定めた適当に育った木の択伐である。そしてある程度伐りためたところで、木馬に積みはじめるのだ。

手際がよいというよりは、丁寧に材を積む橋本さん。山盛りにするのではなく、ある程度の高さで、しっかりと材を木馬に固定する。おそらく、自身の体力との兼ね合いでそのボリュームが決まるのであろう。木を積み終えれば、いよいよ木馬曳きである。シダに囲まれた道を、懸命に木馬を曳いて、自動車道の際近くまで材を下ろす。前回と違い、途中にはヘアピンカーブがある。近代的というには、あまりに原始的なのかもしれないが、ワイヤーロープを一本だけ張り、その急カーブ（以前、川崎さんはカーブと呼ばずネジと呼んでいた）のような要所要所で梶棒に絡めてブレーキとする橋本さん。あるカーブの場所でスッと木馬が斜面の下方にスリップすることもあり、そのときは橋本さんの、まさに手に汗握る緊張感がファインダー越しにも伝わってきたのである。

だれに見られるでもなく、じっくりと撮影させていただいた橋本さんの木馬曳き。それは経験と人智、そして体力が三位一体となった技の景そのものであった。なお、橋本さんは、現在（二〇二一年六月）もお元気だが、自宅で過ごす日々のようだ。

*

追記。

もはや出会うこともないかな、と考えていた木馬での搬出だが、二〇一六年、「木馬搬出見学会」というイベントがあり、なんとか参加することができた。場所は愛知県恵那市上矢作地区。数回搬出した最後の最後にようやっと間に合ったのだが、木馬が転覆するなど、ぎこちなさはあった。とはいえ、この技術を後世に伝えようというその意気込みだけでも感服するところであった。

主催は、この地に二〇一五年に発足した「なつかしい未来の会」。当時は会の中核を若い女性が支える元気な会であった。

そして、木馬道を造り搬出を指導したのが、会長でもある昭和七（一九三二）年生まれの堀賢次郎さん。自身でも半世紀ぶりの木馬曳きであったとのこと。

農家の生まれで、男三人女三人の長男という賢次郎さん。戦後、父親を手伝って、焚き物となる割木を作っていたが、やがて住宅建材の需要が高まってきた。東濃檜や三河杉の産地であり、明治からの植林があったという土地柄。製材所からの伐採依頼を受けて伐採、それを山で一年ほど寝かせて軽くしてから搬出をする、という青春時代を過ごしたという。

その割木の時代から、専門の仕事ではなかったが木馬を曳くことがあったそうだ。この地域では木馬は七尺五寸（約二メートル三十センチ）という寸法。割木を運ぶ木馬には梶棒があり、箱のようになっていたとも教えていただいた。

なお、木馬復活を果たした「なつかしい未来の会」だが、残念ながら会の名は残っているものの、活動が続いているかどうか不明である。

（取材：二〇一三年五月、六月　『山の本』二〇一六年秋号「山仕事」を加筆・改稿）

木馬を前に並ぶ、なつかしい未来の会。右から二番目が堀賢次郎さん

木馬搬出見学会にて。力を込めて、最後のひと曳き。技術再現の面白い試みだったが

阿波ばん茶作り

——あわばんちゃづくり——

四国山地の懐で、独自に発展を遂げた後発酵茶製法のとびきり爽やかなお茶

清水克洋（徳島県那賀町）

口中を駆け抜ける一陣の爽風。控えめな酸味にわずかな土の香りが混じる。そして喉越しの鮮やかさ。盛夏の暑さもふっと消えてゆく味わい。

コップの中にはいくつかの氷と薄琥珀色に揺れるお茶。僕は尋ねた。

「これは、ばん茶ですか？」

はたして、それは正解であった。

＊

徳島県で最も長い河川は吉野川である。そして、四国山地を挟んでその吉野川と並行するように西から東へと流れ下るのが徳島県で二番目に長い那賀川である。

この那賀川流域は名だたる林業地である。とくに、深々とした四国山地に食い込む源流部（旧木沢村・旧木頭村）は双方ともに、杉の産地として全国に知られる地域である。木沢杉・木頭杉

おくどさん（竈）には薪が赤々と燃え、釜がぐらぐら煮え立つ。あふれるほど茶葉を入れてゆく

といった名前を聞いたことがある人も多いだろう。

その日、僕は那賀川中流付近にいた。やはり、どこもかしこも緑の山に囲まれた小集落に暮らす篤林家の取材であった。そこでまずは、と一番に出されたのがこの冷えたお茶であった。

いままで味わったことのない豊潤な香りと酸味。少なくとも、いわゆる番茶とはまったく異なる味わいのお茶であった。徳島県の山間地では独特な製法のお茶「阿波ばん茶」が作られているということは知っていたので、思わず尋ねてしまったのだ。

そして、運のよいことに、この黙っていても汗がダラダラと流れる夏の時期こそ、まさにお茶作りの最盛期だとも教えていただけた。このお茶も、生産者から手に入れたもので、まだお茶作りをしている時期ではないか？とのことで

あった。ということで、生産をされている方も教えていただいたのだ。

＊

紹介してもらった生産者のお宅は那賀川に沿ってさらに下り、そろそろ山地から平野に近づいてきたかな、と感じる付近。那賀川に沿って蛇行する国道のすぐ脇であった。昔ながらのお宅という風情。これは、いいぞと訪ねてみれば、主は残念そうな顔をして、ちょうど今夏のお茶が終わったところ、とのこと。その代わり、隣家はちょうど盛んに作っている、と教えてもらいその隣家へ。

こちらも昔ながらの民家である。何やら数人が働いている様子である。どうやらお茶作り真っ最中らしい。

＊

その家の主が清水克洋さん。手も体も休める暇もない仕事の途中である。挨拶も早々にして、即座に仕事を見せていただけることとなった。

まずは母屋と納屋の間の空間へ。ここが一連の作業を行う仕事場に整えられている。その奥。小屋掛けされた中には、真っ赤に燃える薪がくべられた竈（かまど）がどしんと構えている。あとで聞いたことだが、お茶作りの仕事を始める前には、ここに盛り塩をしてお祈りをするとのこと。

さて、ここに陣取っているのが克洋さんの母親である澄子さん。釜の中は水面が見えないほど

奥から緑の茶葉を詰める。仕切りの反対側には、煮えて変色した茶葉が押し出される

煮あがった茶葉を運ぶ樽。底裏に昭和三十六年五月の日付と「ソ？（ママ）ガガリ少佐ロケット宇宙旅行に成功」と記される

押されて落とされた茶葉は、いったん三和土で冷まされる。次に小さな樽に集められる

に茶葉でいっぱいで、すでにあふれんばかり。そして、面白いのが釜を真一文字に分ける仕切りである。どうも上だけの仕切りで、釜の深い部分では仕切りが切れているらしい。

モクモクの湯気もお構いなしに、みずみずしく輝く緑葉をぐいぐいと釜に詰めこむ澄子さん。先が二股に分かれた木（又木）を利用して押し込んで。

その勢いで、釜の反対側、すなわち仕切りの向こう側では茹であがり茶色く変色した葉っぱが、ところてん式に押し出されてゆく。そして、釜からはみ出して三和土（たたき）に落ちてゆくのである。ずいぶん大胆、ダイナミックである。

納屋の奥にはまだまだ生茶（摘んだ葉）があり、それを運んでくるのは息子さんの達生さんである。

さて、三和土に落ちた葉を円い桶に集め、次に運ぶのは揉捻機である。モータの力で葉を揉んでゆくこの揉捻機。この場では唯一、動力で動く機械だが、ずいぶん年季が入っている。機械仕掛けの挽き臼といった感じだが、その動きはなかなか力強い。操作する克洋さんも、かなり体力を使って機械を制御しているように見受けられる。

ガシャガシャと音をあげての揉捻が終わると、いよいよ漬け込みである。

驚くべきは、並べられている樽である。いくつも並ぶ年季の入った樽は、人の背丈ほどに巨大なものまである。そこに、揉みあがった茶葉をまとめてどさりと投入。ここでは、奥さんの聖（きよい）さんがテキパキと仕事をこなす。

茶葉を詰めた樽に乗り込む克洋さん。空気を逃がすように踏み込んでゆく

ばん茶作りで利用される唯一の機械。年季の入った揉捻機で、煮えた葉を揉む

揉捻機で揉んだ茶葉はいよいよ大きな樽に移動。これから漬けていくのである

一方で、樽に上った克洋さん。樽に入れられた葉を裸足で踏み固めるのである。どうやら、中の空気を抜いて固める作業らしい。うどん粉を足でこねるのはよく見るが、樽に茶葉を漬けるのも初見なら、それを足で踏み固めるのも、もちろん初見である。

こうして巨大な樽いっぱいに茶葉を詰め終われば、最後の仕上げとばかりに、釜に残っていた煮汁をたっぷりと注ぎ込む。そして蓋をした上には、ごろごろとした、直径三十センチはあろうかという石をいくつも積み上げてゆくのである。

ここでの光景は、見事なまでに「お茶」の常識を超えた仕事なのである。

実は阿波ばん茶は、後発酵茶に分類されるのである。この樽に漬け込むおよそ十日前後の間に、じわじわ乳酸発酵させるという課程があるのだ。日本には数少ないこの後発酵茶は、なぜか四国山地に集中して生産されているのである。ほかには吉野川源流で作られる碁石茶や愛媛黒茶がある。

そして漬け終わった茶葉は、庭先に広げられたムシロの上で天日のもと、乾かされるのである。

*

余談ながら、少しだけお茶の分類について記しておこう。

いわゆる煎茶やほうじ茶、番茶などは、製造工程に発酵のない「不発酵茶」である。一方、その工程に発酵がはいるのが「発酵茶」である。烏龍茶や紅茶は発酵茶である。しかし、烏龍茶や紅茶は自然発酵させたもの。これが発酵茶の主流でもある。

一方で、同じ発酵茶であっても阿波ばん茶は、加熱処理後に発酵させるという複雑な工程で製造されるのである。それゆえ「後発酵茶」に分類される。バクテリアによる嫌気発酵のようだ。最近飲まれるようになったプーアール茶も後発酵茶だが、製法も発酵のさせ方も異なるようである。

とにかく、極めてまれなる製法で誕生したのが阿波ばん茶である。

なお、その特殊な製法が、徳島特産であった藍と何らかの関連があると推測する向きもあるようだ。発酵と揉捻法が藍に共通することに起因しているというのだが、興味深い考えだ。

＊

このときが清水さんのお茶との出会いとなった。後にわかるのだが、清水家で作られたお茶は代々「又一」の銘で知られてきた名茶なのである。近世の文献にも「又一」は別格として記されているという。しかも、過去から現在に至るまで、問屋を通さず個人売買を通してきたという歴史を持っている。

克洋さんは、阿波ばん茶の振興協議会には加盟していない。会員には出荷用の袋が配布されるらしいのだが、それは克洋さんには不要なのである。

「自分の銘柄の袋を持っているけんね、昔の印判も持っているけん」

克洋さん、代々続く又一銘の入った印判をいまも所有している。もっとも、現代の印刷された袋には不要になってしまったとのことであるが、それだけでも貴重な品に見えてしまう。

野性味あふれる茶畑。刈り込むことなく野放図に育てた、いかにも山育ちの茶の木

茶摘み後の茶畑は枯れ枝のごとく、見事なまでに丸坊主である。これでも葉は再生するのだ

家の裏山に登ってみると、薪をとる雑木林が広がる。しっかりと炭窯跡も残る

なお、清水さんのお茶の袋には又一というブランドは案外ささやかに記されている。それよりも目立つのは「阿波ばん茶」との大書きだ。その横には番茶という文字もあるのだが、堂々と記されるのは「ばん茶」とひらがな表記である。

番茶と書くと、一番に摘んだものではなく、二番茶三番茶、あるいは煎茶を摘んだ後の固くなった葉という印象になるので、ひらがな表記で、と語る清水さん。ほかに晩茶という表記もあり、混乱するところだが、ここでは清水さんの意見にしたがって、ばん茶と表記している。

＊

さて、克洋さんが代々暮らしているのは、那賀川中流域の旧相生町（現在の那賀町）である。昭和三十（一九五五）年に三人の姉に続いて誕生した長男であった。徳島の農業高校に進学。夏休みはお茶作りを、さらに冬休みや春休みは下草刈りなどの山仕事を手伝ってきたという。そして、高校卒業後、農家林家である実家を継いだのである。もちろん小さなころから手伝いをしてきた克洋さんである。

近年は極早生（ごくわせ）の新品種を発見するなど精力的に柚子栽培に力を入れている克洋さん。その一方で、伝来のお茶作りも、しっかりと継承しているのである。

いまでは、阿波ばん茶を生産する農家は少なくなっているが、かつてはこの那賀川に沿って、旧鷲敷（わじき）村からの上流部各地で、多くの農家がばん茶を作っていたとのこと。

「弘法大師が中国の修行から帰ったとき、鷲敷の二十一番札所太龍寺から、ヘソに隠したお茶の種子を南に撒いた」。このように、先祖から伝えられたと語る克洋さん。

しかし、様々な理由でばん茶をあきらめてしまった農家も少なくない。緑茶に転換した農家もあったという。その緑茶栽培からも離れた農家もある。

また、その製法にも少しずつだが、変化が起こっている。木の桶からプラスチックの桶、ムシロの代わりに寒冷紗(かんれいしゃ)、さらに桶にビニールをかぶせるなど、様々だ。

一方、清水さんのスタイルは、先祖伝来の、ほぼ変化なしを貫き通している。

*

ところで、あの旨いお茶のもととなる茶の木はどうなっているのだろうか。お茶作りをしているときにはすっかり刈り込まれ、まるで枯れ木のようになっている清水さんの茶畑。そこに刈られる前の緑葉が茂る様子を確かめたく、二〇二一年六月に再度清水さんを訪ねた。

茶畑といえば丁寧に刈り込まれた畑を思い浮かべるが、清水さんの茶畑は、一見どこが茶畑かわからないほどに、野性味がある。

自宅に隣接する、山の斜面を利用した畑に茶が植えられている。面積は三反。隣接して植えられているのは柚子なのだが、近づいても、どこからが茶でどこからが柚子かわからない。

かなり刈り込まれていると語る克洋さんだが、自在に枝を茂らせた雑木のような立ち姿は、お茶の概念を軽々と崩す。

また、近年はお茶といえば「ヤブキタ」という品種が流行というかスタンダードになっている。

これは茶葉も大きいので、たくさん採れるだけではなく、採りやすいというメリットもある。ところが、清水さんが育てるのはあくまでも先祖伝来の山茶である。お茶の葉は小さく、摘みにくい。

さらに自由な樹形なので機械類はいっさい使わず、手で採ってゆくしか方法はないのである。普通の茶畑では一番茶二番茶と葉を採ってゆくが、阿波ばん茶では茶摘みは、ただ一回だけ。それもお茶作り直前の七月に入ってから、と世間の茶摘みの季節に比べると少々遅い。しかも摘むとなれば、一葉も残さずむしりとるのだ。この作業は家族だけではなく、応援の手を借りての一大行事になっている。

茶摘みのあとには、まるで枯れてしまったかのような茫々たる姿の茶の木が残るのみだが、一月も過ぎれば緑の葉が戻るという。

*

最後になるが、このばん茶作り、やはり山の仕事である。

前述のように、この那賀川沿いは優秀な林業地である。どこもかしこも植林された山が多い。しかし、克洋さんは自宅裏の山などを広葉樹のままにしているのだ。それは、ばん茶作りで欠かすことのできない薪を確保するためでもある。いまやガスを利用して茶を煮る人もあるそうだが、清水さんのお茶作りには山の薪が欠かせないのだ。

その森に足を運べば、清水さんの先祖の遺物である炭焼き窯跡が実に堂々としている。その背

最後は庭いっぱいにムシロを敷いて、日に当てての茶葉の乾燥。周囲にも心地よい香りが漂う

堂々と又一の阿波ばん茶である。いまは印刷された袋となったが、かつてはこれが判で押されていた

完成した阿波ばん茶。パリッと乾いて、実にかぐわしい

又一銘の焼き印。俵に押したという、梱包が俵の時代の名残

後の山は、見事に雑木ばかりの山なのである。

＊

追記。
阿波ばん茶の製造技術は二〇一八年、「四国山地の発酵茶の製造技術」として、記録作成等の措置を講ずべき無形の重要民俗文化財に選択された。これは食文化の分野での第一号であった。

（取材：二〇〇九年七月、二〇二一年六月　書き下ろし）

あとがき

本書をまとめるにあたり、掲載を諦めた方もいた。ここで少し触れておく。

高知県室戸岬周辺に伝わる土佐備長炭。再興に名乗りを上げた地元出身の黒岩辰徳さん。土佐備長炭という地域の宝の再興を遂げ、炭玄ブランドのもと多くの若者に道を開いた。彼なくして土佐備長炭再興はなかった。その姿を以前撮影しており、本書掲載を考え再会を果たした。しかし、熟慮の末、掲載を見送らせていただいた。それは、現在の彼が炭焼き現場から離れマネジメントにまわったからであった。彼の目標は、木炭再興を超えた室戸という地域の再興であり、ふさわしい活躍をしていた。炭を消費する料理屋やグランピング施設などに、その羽は広がっていた。地域おこしの主人公として紹介したかったが、残念ながら本書からは少し離れた立ち位置の活躍と判断した。なんとも申し訳ない。

撮影がかなわなかった山仕事もある。

「バチ檥」や「修羅」は、各地で行われていたはずだが、巡り合えなかった。悔しい。

また、撮影以前に断られたこともあった。被写体になることが経済的メリットになるのかと問われ、答えに窮した。シャッターを切る以前の撤退。ちょっと無念だ。

ゼンマイ折りの星兵市さん・ミヨさんは、すでに鬼籍に入られていた。しかし、一方で嬉しい知らせもあった。最近は日帰りながら息子さんに加えてお孫さんもゼンマイを折っていると聞いた。小屋にも手を入れたとのこと。ぜひ次シーズンには様子をうかがいたい。

さて、本書には重大な欠落がある。山仕事を謳いながら、掲載しているのは、あまり目にすることのない仕事ばかりだ。つまり林業の中核である人工林の「育苗」「造林」「育林」「伐採」といった、働く人の多い仕事を掲載していない。こういった仕事にも、地域性もあれば働く人の個性もある。だれもが知る林業の本流だが、あらためてまとめる価値は高い。

また、全国津々浦々の炭焼きさんに関しても、佐藤光夫さんの掲載にとどまった。興味のある方は少々古いが拙著『炭焼紀行』(創森社、二〇〇〇年)をぜひ読んでいただきたい。その続編も今後の課題だ。

最後に、あらためて取材撮影した皆々様に感謝御礼を申し上げたい。素晴らしい山仕事の世界を垣間見せていただき、どんなに感謝しても感謝しきれない。この本に登場する幾人もの山人がこの世から旅だち、また山の仕事から離れていった。その方々の仕事の証、生きた証になれば幸いである。

そして『山溪情報版』の当時の編集長、森田洋さん、白山書房『山の本』の箕浦登美雄さん、編集の苦労を一手に引き受けてくれた稲葉豊さん、その他、編集出版に関わってくれた皆様に深く感謝。最後に無理を押し付けっぱなしであった我が家族に、深く感謝をしておきたい。

二〇二一年八月　　三宅 岳

著者プロフィール

三宅 岳（みやけ・がく）

1964年生まれ。神奈川県藤野町（現・相模原市緑区）に育ち、遊び、暮らす。東京農工大学環境保護学科卒。フリー写真家。おもに山の写真を撮影。北アルプス・丹沢・入笠山などの山岳写真に加え、炭焼きをはじめ山仕事や林業もテーマとする。著書に『アルペンガイド丹沢』『雲ノ平・双六岳を歩く』（山と溪谷社）、『炭焼紀行』（創森社）のほか、共著など多数。

ブックデザイン＝松澤政昭
校正＝與那嶺桂子
編集＝稲葉 豊（山と溪谷社）

山に生きる 失われゆく山暮らし、山仕事の記録

2021年10月5日　初版第1刷発行

著　者　三宅 岳
発行人　川崎深雪
発行所　株式会社 山と溪谷社
〒101-0051
東京都千代田区神田神保町1丁目105番地
https://www.yamakei.co.jp/

■乱丁・落丁のお問合せ先
山と溪谷社自動応答サービス TEL. 03-6837-5018
受付時間／10:00～12:00、13:00～17:30（土日、祝日を除く）
■内容に関するお問合せ先
山と溪谷社 TEL. 03-6744-1900（代表）
■書店・取次様からのご注文先
山と溪谷社受注センター
TEL. 048-458-3455　FAX. 048-421-0513
■書店・取次様からのご注文以外のお問合せ先
eigyo@yamakei.co.jp

印刷・製本　図書印刷株式会社

＊定価はカバーに表示してあります
＊落丁・乱丁本は送料小社負担でお取り替えいたします

Printed in Japan ISBN978-4-635-17209-7